中国重金属污染防治政策进展报告 2009—2019

China's Report on Heavy Metal Pollution Control Policy 2009—2019

王夏晖　卢　然　伍思扬　等编著

中国环境出版集团·北京

图书在版编目（CIP）数据

中国重金属污染防治政策进展报告. 2009—2019/王夏晖等编著. —北京：中国环境出版集团，2020.12
（中国环境规划政策绿皮书）
ISBN 978-7-5111-4406-5

Ⅰ. ①中… Ⅱ. ①王… Ⅲ. ①重金属污染—污染防治—环境保护政策—研究报告—中国—2009—2019 Ⅳ. ①X5

中国版本图书馆 CIP 数据核字（2020）第 148942 号

出 版 人 武德凯
责任编辑 葛 莉
文字编辑 解亚鑫
责任校对 任 丽
封面设计 彭 杉

出版发行 中国环境出版集团
（100062 北京市东城区广渠门内大街 16 号）
网 址：http://www.cesp.com.cn
电子邮箱：bjgl@cesp.com.cn
联系电话：010-67112765（编辑管理部）
发行热线：010-67125803，010-67113405（传真）
印 刷 北京建宏印刷有限公司
经 销 各地新华书店
版 次 2020 年 12 月第 1 版
印 次 2020 年 12 月第 1 次印刷
开 本 787×1092 1/16
印 张 10
字 数 130 千字
定 价 69.00 元

《中国环境规划政策绿皮书》
编 委 会

《中国重金属污染防治政策进展报告2009—2019》编委会

主　编　王夏晖

副主编　卢　然　伍思扬

编　委　王　宁　张　筝　贾智彬　朱文会　宋志晓　罗栋源

黄国鑫　刘瑞平　胡　健　田　梓　崔　轩　魏　楠

季国华　封　雪　何　俊　邹　权　陈　茜　张　浙

前言

重金属污染具有长期性、累积性、潜伏性和不可逆性等特点，治理成本高，严重威胁生态环境安全和人民群众健康。重金属污染防治对改善生态环境质量，防范生态环境风险，维护生态环境安全，保障人体健康具有重要意义。在党中央、国务院高度重视下，各地区、各部门以重点污染物、重点行业、重点区域、重点企业为抓手，积极推进《重金属污染综合防治"十二五"规划》的实施和重金属污染物总量减排工作，认真贯彻落实《土壤污染防治行动计划》，取得良好成效。重点行业重点重金属污染物排放量得到严格控制，推进涉重金属重点工业行业实施清洁生产技术改造，继续加强重金属污染防治重点区域综合治理，对前期基础好、有利于区域环境质量明显改善的重金属污染治理项目给予重点支持，解决了一批重金属污染的突出问题。但我国采矿业、制造业等行业均涉及重金属污染物排放，历史遗留的重金属污染问题短期解决难度依然较大，涉重金属企业环境安全隐患依然突出。

为了让社会各界更加系统了解我国重金属污染防治政策进展，更好地推动重金属污染防治政策实践，我们组织编写了《中国重金属污染防治政策进展报告 2009—2019》。本报告分别从重金属污染防治相关法律法规、规划计划、规章与规范，以及重金属及其化合物环境管理政策、涉重金属行业环境管理政策五个方面，系统回顾了 2009 年以来我国重金属污染防治政策进展情况，是目前我国重金属污染防治领域较为系统的政策研究报告。

全书共分 6 章。第 1 章由伍思扬、罗栋源、魏楠、何俊编写，第 2

章由卢然、宋志晓、田梓、封雪编写，第3章由伍思扬、刘瑞平、季国华、罗栋源编写，第4章由张筝、朱文会、伍思扬、张浙编写，第5章由王宁、黄国鑫、胡健、崔轩编写，第6章由贾智彬、卢然、陈茜、邹权编写。全书由卢然、贾智彬、伍思扬统稿，王夏晖审定。

本书编写得到了生态环境部固体废物与化学品司等管理部门的大力支持和指导，在此表示衷心感谢。

由于重金属污染防治政策仍在不断更新和完善，本书若有不妥之处，敬请读者批评指正。

本书编委会

2020年6月5日

执行摘要

重金属污染是关系广大人民群众健康的重大环境问题。近年来，党中央、国务院针对重金属污染问题采取了一系列有力举措。2009 年，印发了《国务院办公厅转发环境保护部等部门〈关于加强重金属污染防治工作指导意见〉的通知》（国办发〔2009〕61 号），我国重金属污染防治正式上升为国家层面推动的重点环保工作之一。2011 年，国务院批复的《重金属污染综合防治“十二五”规划》（以下简称《规划》），成为“十二五”期间国务院批复实施的第一个五年专项规划。《规划》实施以来，重点重金属污染物排放量明显下降，各类重金属污染治理项目总体实施顺利，重点行业涉重金属企业环境管理进一步加强，重金属污染防治制度体系逐步健全。但 30 余年来，涉重金属产业的快速扩张造成重金属污染物排放总量仍处于高位水平，重金属环境风险隐患依然突出。重金属开采、冶炼、加工过程中产生的铅（Pb）、汞（Hg）、镉（Cd）、铬（Cr）、砷（As）等重金属进入环境，造成周边区域大气、水、土壤的污染，直接威胁人体健康和生态环境安全。重金属污染成为我国需要长期管控的突出环境风险问题之一。

提高重金属污染防治成效，需要针对重点污染物、重点行业和重点区域采取因地制宜的分类防治措施。依据重金属污染物的危害程度，重点重金属污染物主要包括铅（Pb）、汞（Hg）、镉（Cd）、铬（Cr）和类金属砷（As），其他重金属污染物有镍（Ni）、铜（Cu）、锌（Zn）、银（Ag）、钒（V）、锰（Mn）、钴（Co）、铊（Tl）、锑（Sb）等。重点涉重金属行业主要包括重有色金属矿（含伴生矿）采选业（铜、铅、锌、镍、钴、锡、锑和汞矿采选业等）、重有色金属冶炼业（铜、铅、锌、镍、钴、锡、锑和汞冶炼业等）、铅蓄电池制造业、皮革及其制品业（皮革鞣制加工业等）、化学原料及化学制品制造业（电石法聚氯乙烯行业、铬盐行业等）、电镀行业。围绕涉重金属行业布局，形成了重金属污染风险高、环境问题突出的重点区域。

本报告主要围绕重金属污染防治政策，全面分析了近 10 年来，我国重金属污染防治法律法规、规划计划、规章与规范，重金属及其化合物环境管理政策，涉重金属行业环境管理制度等进展情况，最后提出了加强重金属污染防治的对策建议。我国重金属污染防治政策进展总结如下：

一、《中华人民共和国环境保护法》及部分生态环境保护单行法中均有重金属污染防治相关规定及要求，这些已成为各级生态环境部门、工业企业开展重金属污染防治相关工作的法律依据。重金属污染物毒性强、危害大，涉重金属行业企业多为重点排污单位，陆续修订出台的《中华人民共和国环境保护法》及有关水、大气、土壤等的生态环境保护单行法对重点排污单位的污染防治、信息公开和公众参与等都有明确要求，2016 年发布的《最高人民法院、最高人民检查院关于办理环境污染刑事案件运用法律若干问题的解释》，进一步细化了“严重污染环境”的行为，其中包括重金属污染环境的情形。

二、“十二五”时期以来，重金属污染防治在我国环境规划体系中占有重要的分量，明确了各时期各领域重金属污染防治的方向与重点。在累积形成的重金属环境污染问题逐渐显现、重金属污染事件呈多发态势的背景下，为切实抓好重金属污染防治任务，出台了《重金属污染综合防治“十二五”规划》，《国家环境保护“十二五”规划》设置了重金属污染防治的专题任务，《水污染防治行动计划》（简称“水十条”）、《大气污染防治行动计划》（简称“大气十条”）、《土壤污染防治行动计划》（简称“土十条”）也对各领域重金属污染防治提出了更高的要求，主要涉及重点行业、重点元素、重点区域以及监管能力建设等内容。

三、涉重金属的部门规章与规范性文件陆续出台、实施，有效丰富了我国重金属污染防治政策制度体系。涉重金属的部门规章与规范包括涉重金属行业污染防治的规范文件、部门规章，中央财政专项资金、税收政策、环境保护综合名录、环境污染责任保险等支持重金属污染防治的相关经济政策，以及在水、大气、土壤和固体废物等重点领域与重金属污染防治相关的制度。

四、重金属及其化合物既是人们生产生活中广泛应用的工业产品，也是在环境中不可降解的污染物，其双重特性决定了重金属及其化合物环境管理政策既包含化学品管控政策又包含污染物管控政策。我国各类优先控制化学品名录均首批纳入铅、汞、镉、铬、砷 5 种重金属及其化合物，制定了砷、汞两种重金属污染物的污染防治技术政策。《关于汞的水俣公约》于 2017 年生效。我国发布的 70 余项重金属及其化合物的监测方法、标准基本构成了我国重金属污染物的监测体系，原卫生部印发的《重金属污染诊疗指南（试行）》进一步规范了重金属污染相关诊疗工作。

五、涉重金属重点行业环境管理政策体系不断丰富与完善，有力促进了我国涉重金属行业重金属污染防治工作。涉重金属重点行业环境管理政策可分为产业政策、清洁生产政策、固定污染源管理政策、技术规范指南、生产者责任延伸政策等类型，这些政策在引导涉重金属重点行业绿色发展、促进行业提标改造、规范行业固定污染源排放、推动行业清洁生产、创新行业环境管理等方面发挥着十分重要的作用。

Executive Summary

Heavy metal pollution is a major environmental problem related to people's health. In recent years, a series of effective measures have been taken specific to such issues by the CPC Central Committee and the State Council. Since the ***Circular of General Office of the State Council on Forwarding the Guidance on Strengthening the Prevention and Control of Heavy Metal Pollution Jointly Formulated by the Ministry of Environmental Protection and Related Ministries*** (GBF 〔2009〕 No. 61) was issued in 2009, prevention and control of heavy metal pollution in China has been officially listed as one of the key environmental protection work at the state level. In 2011, the State Council approved the ***12th Five-Year Plan for Comprehensive Prevention and Control of Heavy Metal Pollution*** (hereinafter referred to as "Plan"), which became the first special plan approved by the State Council during the 12th Five-Year period. Since the Plan was effective, the discharge has been decreased significantly in terms of key heavy metal pollutants, various projects to control heavy metal pollutions have been implemented smoothly, the environmental management has been further enhanced in the heavy metal related enterprises of the key industries, and the prevention and control institutional system of heavy metal pollution also tends to be sound gradually. However, due to the rapid expansion of industries involved in heavy metals over past 30 years, the total emission of heavy metal pollutants is still at a high level, which seriously threatens to the environment. During the mining, smelting and processing of heavy metals, lead (Pb), mercury (Hg), cadmium (Cd), chromium (Cr) and metalloid arsenic (As) may be released into the environment, causing air, water and soil pollution in the surrounding areas and directly threatening human health and ecological safety. Heavy metal pollution has become one of the tricky environmental challenges for long term in China.

To improve the effectiveness of heavy metal pollution prevention of control, it is urgent to take some specific measures to key pollutants, industries, and regions. In terms of their harm degrees, key heavy metal pollutants include lead (Pb), mercury (Hg), cadmium (Cd), chromium (Cr) and metalloid arsenic (As); and other heavy metal pollutants cover nickel (Ni), copper (Cu), zinc (Zn), silver (Ag), vanadium (V), manganese (Mn), cobalt (Co), thallium (Tl), and antimony (Sb). The key industries involving heavy metal mainly cover the ore mining and dressing of non-ferrous heavy metals (e.g. Cu, Pb， Zn, Ni, Co, Sn, Sb and Hg, etc. as well as associated metals), ore smelting of non-ferrous metals (e.g. Cu, Pb， Zn, Ni, Co, Sn, Sb and Hg), lead battery manufacturing, leather and its products industry (leather tanning and processing, etc.), chemical raw materials and chemical manufacturing (PVC industry with calcium carbide process employed, chromate industry, etc), and electroplating industry. Due to the layout of industries involving heavy metals, some regions are faced with high risk of heavy metal pollution and serious environmental issues.

Focused on the policies to prevent and control heavy metal pollution, this report comprehensively analyzes the progress of laws and regulations, planning and programs, rules and codes, environmental management policies on heavy metals and its compounds, as well as the management systems on industries involving heavy metals in China over the past 10 years. Finally, the countermeasures and suggestions are put forward on how to further prevent and control the heavy metal pollution. The progresses are summarized on such policies in China as follows:

1. The regulations and requirements on how to prevent and control heavy metal pollution have been listed in the ***Environmental Protection Law of the People's Republic of China*** and some separate laws on ecological protection, which has become the legal basis for the ecological and environmental departments at all levels and industrial enterprises against the heavy metal pollution. Since heavy metal pollutants are highly toxic and harmful, most of enterprises and industries

involving heavy metal can be listed as key polluters. Since the ***Environmental Protection Law*** and some separate laws on water, gas or soil have been revised and promulgated successively, the provisions on pollution prevention and control, information disclosure and public participation have been defined specific to key polluters. In 2016, the ***Interpretation of the Supreme People's Courts and the Supreme People's Procuratorate on How to Handle the Environmental Pollution Criminal Cases by Law*** was promulgated, which further defined the behaviors of "serious environmental pollution", including the case of heavy metal pollution.

2. Since the "12th-Five Year" Plan, the prevention and control of heavy metal pollution has been gradually stressed in the environmental planning system in China, the direction and priorities to control heavy metal pollution in the various fields and periods have been defined. Under the situation that accumulated heavy metal pollution are gradually emerging, and various heavy metal pollution incidents frequently happened, in order to effectively prevent and control the heavy metal pollution, the ***"12th-Five Year" Plan for Comprehensive Prevention and Control of Heavy Metal Pollution*** and the ***12th Five Year Plan for National Environmental Protection*** were promulgated and listed with the special tasks to prevent and control heavy metal pollution. With 10 Terms on Water (the Action Plan for Prevention and Control of Water Pollution), 10 Terms on Air (the Action Plan for Prevention and Control of Air Pollution) and 10 Terms on Soil (the Action Plan for Prevention and Control of Soil Pollution) issued in succession, the stricter requirements have been put forward to prevent and control heavy metal pollution in various fields, which mainly involve key industries, key elements, key regions and regulatory capacity building.

3. With the regulations and normative documents related to heavy metals issued and implemented in succession, the policy system on how to prevent and control heavy metal pollution was effectively promoted in China. Such regulations and normative documents cover the industrial files on how to prevent and control heavy metal

pollution, the economic policies, such as the special funds from the Central Government, tax policies, comprehensive environmental directory, and environmental liability insurance, as well as the systems related to how to prevent and control heavy metal pollution in fields of water, air, soil and solid waste.

4. Heavy metals and their compounds are not only industrial products widely used in people's production and life, but also non degradable pollutants in the environment. Their dual characteristics determine that the environmental management policies of heavy metals and their compounds include both chemical control policies and pollutant control policies. Five kinds of heavy metals (i.e. lead, mercury, cadmium, chromium and arsenic) and their compounds have been listed in the various directories of priority chemicals to be controlled in China. The technical policies have been formulated on how to prevent and control the arsenic and mercury pollution. The ***Minamata Convention on Mercury*** came into force in 2017. With over 70 monitoring methods and standards for heavy metals and their compounds issued, the monitoring system was preliminarily established specific to the heavy metal pollutants in China. Moreover, the ***Guidelines on How to Diagnose and Treat Heavy Metal Pollution (trial)*** was issued by former Ministry of Health， which further standardizes the diagnosis and treatment related to heavy metal pollution.

5. With the policy system constantly improved for key industries involving heavy metal, the heavy metal pollution can be effectively prevented and controlled in China. The environmental policies related to heavy metal can be divided into the industrial policies, cleaner production policies, policies on the fixed pollution source, technical guidelines, as well as policies on the producer’s extended responsibility, all of which play a very important role in the green development, industrial upgrading and transformation, emission of fixed sources, cleaner production and environmental management innovation of key industries involving the heavy metal.

目录

目录

重金属污染防治相关法律法规制定情况

我国目前尚未制定出台重金属污染防治的专项法律法规，《中华人民共和国环境保护法》（以下简称《环境保护法》）及部分生态环境保护单行法中均有重金属污染防治相关规定及要求，这些规定和要求成为各级生态环境部门、工业企业开展重金属污染防治相关工作的法律依据。

1.1 综合法涉及重金属污染防治规定

2014 年，修订的《环境保护法》增加了对重点排污单位的相关要求，新增加的第四十二条规定："排放污染物的企业事业单位和其他生产经营者，应当采取措施，防治在生产建设或者其他活动中产生的废气、废水、废渣、医疗废物、粉尘、恶臭气体、放射性物质以及噪声、振动、光辐射、电磁辐射等对环境的污染和危害。排放污染物的企业事业单位，应当建立环境保护责任制度，明确单位负责人和相关人员的责任。重点排污单位应当按照国家有关规定和监测规范安装使用监测设备，保证监测设备正常运行，保存原始监测记录。”第五十五条规定：“重点排污单位应当如实向社会公开其主要污染物的名称、排放方式、排放浓度和总量、超标排放情况，以及防治污染设施的建设和运行情况，接受社会监督。”第六十二条规定：“违反本法规定，重点排污单位不公开或者不如实公开环境信息的，由县级以上地方人民政府环境保护主管部门责令公开，处以罚款，并予以公告。”

《环境保护法》对重点排污单位的污染防治、信息公开和公众参与等做出明确规定，根据 2017 年环境保护部制定的《重点排污单位名录管理规定（试行）》，涉重金属重点行业企业多为重点排污单位，《环境保护法》对我国涉重金属行业企业环境管理法律和制度体系建设发挥着基础和指导作用。

专栏 1-1　重点排污单位名录的筛选条件

为贯彻落实《中华人民共和国环境保护法》《中华人民共和国大气污染防治法》《中华人民共和国水污染防治法》，明确重点排污单位筛选条件，规范重点排污单位名录管理，2017 年环境保护部制定了《重点排污单位名录管理规定（试行）》。《重点排污单位名录管理规定（试行）》规定了重点排污单位名录筛选条件，与涉重金属企业事业单位直接相关的摘录如下：

第五条　具备下列条件之一的企业事业单位，纳入水环境重点排污单位名录。

（一）一种或几种废水主要污染物年排放量大于设区的市级环境保护主管部门设定的筛选排放量限值。

废水主要污染物指标是指化学需氧量、氨氮、总磷、总氮以及汞、镉、砷、铬、铅等重金属。筛选排放量限值根据环境质量状况确定，排污总量占比不得低于行政区域工业排污总量的 65%。

（二）有事实排污且属于废水污染重点监管行业的所有大中型企业。

废水污染重点监管行业包括：……，有色金属冶炼，……，化学原料和化学制品制造，……，皮革鞣制加工，毛皮鞣制加工，……，电镀，……，有色金属矿采选……

各地可根据本地实际情况增加相关废水污染重点监管行业。

（三）实行排污许可重点管理的已发放排污许可证的产生废水污染物的单位。

……

（六）产生含有汞、镉、砷、铬、铅、氰化物、黄磷等的可溶性剧毒废渣的企业。

……

第六条　具备下列条件之一的企业事业单位，纳入大气环境重点排污单位名录。

……

（二）有事实排污且属于废气污染重点监管行业的所有大中型企业。

废气污染重点监管行业包括：……，有色金属冶炼……

各地可根据本地实际情况增加相关废气污染重点监管行业。

（三）实行排污许可重点管理的已发放排污许可证的排放废气污染物的单位。

（四）排放有毒有害大气污染物（具体参见环境保护部发布的有毒有害大气污染物名录）的企业事业单位；固体废物集中焚烧设施的运营单位。

……

第七条　具备下列条件之一的企业事业单位，纳入土壤环境污染重点监管单位名录。

（一）有事实排污且属于土壤污染重点监管行业的所有大中型企业。

土壤污染重点监管行业包括：有色金属矿采选，有色金属冶炼，……，化工，……，电镀，制革等。

各地可根据本地实际情况增加相关土壤污染重点监管行业。

……

1.2 专项法涉及重金属污染防治规定

我国有5部生态环境保护单行法，均对重金属污染防治有具体规定，《中华人民共和国固体废物污染环境防治法》《中华人民共和国海洋环境保护法》《中华人民共和国大气污染防治法》《中华人民共和国水污染防治法》《中华人民共和国土壤污染防治法》对防治生态环境重金属污染、涉重金属行业治污与违法处罚等提出了具体的规定。2016年发布的《最高人民法院 最高人民检察院关于办理环境污染刑事案件适用法律若干问题的解释》，细化了“严重污染环境”的行为，其中包括重金属污染环境的情形。这些法律法规构成了我国重金属污染防治的法律法规基础（表1-1）。

表1-1 我国法律法规中与重金属污染防治相关的规定

法律	规定
中华人民共和国固体废物污染环境防治法（2016年）	第三十六条 矿山企业应当采取科学的开采方法和选矿工艺，减少尾矿、矸石、废石等矿业固体废物的产生量和贮存量
中华人民共和国海洋环境保护法（2017年）	第四十五条 禁止在沿海陆域内新建不具备有效治理措施的化学制浆造纸、化工、印染、制革、电镀、酿造、炼油、岸边冲滩拆船以及其他严重污染海洋环境的工业生产项目
中华人民共和国水污染防治法（2017年）	第三十七条 禁止向水体排放、倾倒工业废渣、城镇垃圾和其他废弃物。禁止将含有汞、镉、砷、铬、铅、氰化物、黄磷等的可溶性剧毒废渣向水体排放、倾倒或者直接埋入地下。 第四十七条 国家禁止新建不符合国家产业政策的小型造纸、制革、印染、染料、炼焦、炼硫、炼砷、炼汞、炼油、电镀、农药、石棉、水泥、玻璃、钢铁、火电以及其他严重污染水环境的生产项目

法律	规定
中华人民共和国大气污染防治法（2018 年）	第四十三条　钢铁、建材、有色金属、石油、化工等企业生产过程中排放粉尘、硫化物和氮氧化物的，应当采用清洁生产工艺，配套建设除尘、脱硫、脱硝等装置，或者采取技术改造等其他控制大气污染物排放的措施。 第四十八条　钢铁、建材、有色金属、石油、化工、制药、矿产开采等企业，应当加强精细化管理，采取集中收集处理等措施，严格控制粉尘和气态污染物的排放。 第一百零八条　违反本法规定，有下列行为之一的，由县级以上人民政府生态环境主管部门责令改正，处二万元以上二十万元以下的罚款；拒不改正的，责令停产整治……（五）钢铁、建材、有色金属、石油、化工、制药、矿产开采等企业，未采取集中收集处理、密闭、围挡、遮盖、清扫、洒水等措施，控制、减少粉尘和气态污染物排放的
中华人民共和国土壤污染防治法（2018 年）	第二十四条　……禁止在土壤中使用重金属含量超标的降阻产品。 第二十八条　禁止向农用地排放重金属或者其他有毒有害物质含量超标的污水、污泥，以及可能造成土壤污染的清淤底泥、尾矿、矿渣等。 第三十三条　……禁止将重金属或者其他有毒有害物质含量超标的工业固体废物、生活垃圾或者污染土壤用于土地复垦。 第八十六条　违反本法规定，有下列行为之一的，由地方人民政府生态环境主管部门或者其他负有土壤污染防治监督管理职责的部门责令改正，处以罚款；拒不改正的，责令停产整治： …… （四）拆除设施、设备或者建筑物、构筑物，企业事业单位未采取相应的土壤污染防治措施或者土壤污染重点监管单位未制定、实施土壤污染防治工作方案的； （五）尾矿库运营、管理单位未按照规定采取措施防止土壤污染的； （六）尾矿库运营、管理单位未按照规定进行土壤污染状况监测的； （七）建设和运行污水集中处理设施、固体废物处置设施，未依照法律法规和相关标准的要求采取措施防止土壤污染的。 第八十七条　违反本法规定，向农用地排放重金属或者其他有毒有害物质含量超标的污水、污泥，以及可能造成土壤污染的清淤底泥、尾矿、矿渣等的，由地方人民政府生态环境主管部门责令改正，处十万元以上五十万元以下的罚款；情节严重的，处五十万元以上二百万元以下的罚款，并可以将案件移送公安机关，对直接负责的主管人员和其他直接责任人员处五日以上十五日以下的拘留；有违法所得的，没

法律	规定
中华人民共和国土壤污染防治法（2018年）	收违法所得。 第八十九条　违反本法规定，将重金属或者其他有毒有害物质含量超标的工业固体废物、生活垃圾或者污染土壤用于土地复垦的，由地方人民政府生态环境主管部门责令改正，处十万元以上一百万元以下的罚款；有违法所得的，没收违法所得
最高人民法院 最高人民检察院关于办理环境污染刑事案件适用法律若干问题的解释（法释〔2016〕29号）	第一条　实施刑法第三百三十八条规定的行为，具有下列情形之一的，应当认定为“严重污染环境”……（三）排放、倾倒、处置含铅、汞、镉、铬、砷、铊、锑的污染物，超过国家或者地方污染物排放标准三倍以上的；（四）排放、倾倒、处置含镍、铜、锌、银、钒、锰、钴的污染物，超过国家或者地方污染物排放标准十倍以上的…… 第十五条　下列物质应当认定为刑法第三百三十八条规定的“有毒物质”……（三）含重金属的污染物

《环境保护法》以及水、大气、土壤等生态环境保护单行法均明确了重点排污单位相关责任与要求（表1-2）。

表1-2　我国法律法规中对重点排污单位的相关规定

法律	规定
中华人民共和国环境保护法（2014年）	第四十二条　……排放污染物的企业事业单位，应当建立环境保护责任制度，明确单位负责人和相关人员的责任。重点排污单位应当按照国家有关规定和监测规范安装使用监测设备，保证监测设备正常运行，保存原始监测记录…… 第五十五条　重点排污单位应当如实向社会公开其主要污染物的名称、排放方式、排放浓度和总量、超标排放情况，以及防治污染设施的建设和运行情况，接受社会监督。 第六十二条　违反本法规定，重点排污单位不公开或者不如实公开环境信息的，由县级以上地方人民政府环境保护主管部门责令公开，处以罚款，并予以公告

法律	规定
中华人民共和国大气污染防治法（2018 年）	第二十四条　企业事业单位和其他生产经营者应当按照国家有关规定和监测规范，对其排放的工业废气和本法第七十八条规定名录中所列有毒有害大气污染物进行监测，并保存原始监测记录。其中，重点排污单位应当安装、使用大气污染物排放自动监测设备，与生态环境主管部门的监控设备联网，保证监测设备正常运行并依法公开排放信息。监测的具体办法和重点排污单位的条件由国务院生态环境主管部门规定。 重点排污单位名录由设区的市级以上地方人民政府生态环境主管部门按照国务院生态环境主管部门的规定，根据本行政区域的大气环境承载力、重点大气污染物排放总量控制指标的要求以及排污单位排放大气污染物的种类、数量和浓度等因素，商有关部门确定，并向社会公布。 第二十五条　重点排污单位应当对自动监测数据的真实性和准确性负责。生态环境主管部门发现重点排污单位的大气污染物排放自动监测设备传输数据异常，应当及时进行调查。 第一百条　违反本法规定，有下列行为之一的，由县级以上人民政府生态环境主管部门责令改正，处二万元以上二十万元以下的罚款；拒不改正的，责令停产整治：……（四）重点排污单位不公开或者不如实公开自动监测数据的
中华人民共和国水污染防治法（2017 年）	第二十三条　实行排污许可管理的企业事业单位和其他生产经营者应当按照国家有关规定和监测规范，对所排放的水污染物自行监测，并保存原始监测记录。重点排污单位还应当安装水污染物排放自动监测设备，与环境保护主管部门的监控设备联网，并保证监测设备正常运行。具体办法由国务院环境保护主管部门规定。 应当安装水污染物排放自动监测设备的重点排污单位名录，由设区的市级以上地方人民政府环境保护主管部门根据本行政区域的环境容量、重点水污染物排放总量控制指标的要求以及排污单位排放水污染物的种类、数量和浓度等因素，商同级有关部门确定。 第二十四条　……环境保护主管部门发现重点排污单位的水污染物排放自动监测设备传输数据异常，应当及时进行调查

法律	规定
中华人民共和国土壤污染防治法（2018年）	第二十一条　设区的市级以上地方人民政府生态环境主管部门应当按照国务院生态环境主管部门的规定，根据有毒有害物质排放等情况，制定本行政区域土壤污染重点监管单位名录，向社会公开并适时更新。 土壤污染重点监管单位应当履行下列义务： （一）严格控制有毒有害物质排放，并按年度向生态环境主管部门报告排放情况； （二）建立土壤污染隐患排查制度，保证持续有效防止有毒有害物质渗漏、流失、扬散； （三）制定、实施自行监测方案，并将监测数据报生态环境主管部门。 前款规定的义务应当在排污许可证中载明。 土壤污染重点监管单位应当对监测数据的真实性和准确性负责。生态环境主管部门发现土壤污染重点监管单位监测数据异常，应当及时进行调查。 设区的市级以上地方人民政府生态环境主管部门应当定期对土壤污染重点监管单位周边土壤进行监测。 第二十二条　企业事业单位拆除设施、设备或者建筑物、构筑物的，应当采取相应的土壤污染防治措施。 土壤污染重点监管单位拆除设施、设备或者建筑物、构筑物的，应当制定包括应急措施在内的土壤污染防治工作方案，报地方人民政府生态环境、工业和信息化主管部门备案并实施。 第六十七条　土壤污染重点监管单位生产经营用地的用途变更或者在其土地使用权收回、转让前，应当由土地使用权人按照规定进行土壤污染状况调查。土壤污染状况调查报告应当作为不动产登记资料送交地方人民政府不动产登记机构，并报地方人民政府生态环境主管部门备案。 第八十六条　违反本法规定，有下列行为之一的，由地方人民政府生态环境主管部门或者其他负有土壤污染防治监督管理职责的部门责令改正，处以罚款；拒不改正的，责令停产整治： （一）土壤污染重点监管单位未制定、实施自行监测方案，或者未将监测数据报生态环境主管部门的； （二）土壤污染重点监管单位篡改、伪造监测数据的； （三）土壤污染重点监管单位未按年度报告有毒有害物质排放情况，或者未建立土壤污染隐患排查制度的

2 重金属污染防治相关规划、计划实施进展

在累积形成的重金属环境污染问题逐渐显现、重金属污染事件呈多发态势的背景下，为切实抓好重金属污染防治任务落实，“十二五”以来，重金属污染防治在我国环境规划体系中占有重要分量。出台了《重金属污染综合防治“十二五”规划》，在《国家环境保护“十二五”规划》《国家“十三五”生态环境保护规划》中，设置了重金属污染防治的专题任务，“水十条”“大气十条”“土十条”也对各领域重金属污染防治提出了更高的要求。

2.1 重金属污染综合防治专项规划

我国在长期的矿产开采、加工以及工业化进程中累积形成的重金属环境污染问题逐渐显现，重金属污染防治已经成为影响公众身心健康和环境安全的突出环境问题，2011 年 2 月，国务院正式批复《重金属污染综合防治“十二五”规划》（以下简称《规划》）。《规划》是“十二五”时期国家首个批复实施的环境保护专项规划，大力推进了我国重金属污

染防治进程。

我国重金属污染的历史成因、现状以及重金属污染防治的突出问题，决定了“十二五”时期的重金属污染综合防治规划具有以涉重金属产业落后产能淘汰、工业污染源预防与治理为主要任务的阶段性特点。《规划》以调结构、保安全、防风险为着力点，立足于源头预防、过程阻断、清洁生产、末端治理的全过程综合防控理念，突出重点污染要素、重点防控区域、重点防控行业和重点防控企业，强调通过调整和优化产业结构、加强污染治理、强化环境执法监管、建立和完善重金属健康危害评估制度、加强技术研发和示范推广、健全法规标准体系、严格落实责任等综合性措施，使重金属环境污染得到有效控制，提出“突发性重金属污染事件高发态势得到基本遏制”的风险防控目标、“城镇集中式地表水饮用水水源重点污染物指标基本达标”的环境质量改善目标和“重点防控区主要重金属污染物排放量比 2007 年降低 15%、非重点防控区主要重金属污染物新增量实现零增长”的排放控制目标。

“十二五”期间，在党中央、国务院高度重视下，各地区、各部门以重点区域、重点行业和重点企业为抓手，积极推进《规划》实施，中央财政累计投入 210 多亿元支持开展重金属污染治理；加快淘汰落后产能，全国共淘汰铜冶炼 288 万 t、铅冶炼 381 万 t、锌冶炼 86 万 t、制革 3 471 万标张、铅蓄电池 9 622 万 kVAh，15 个省份堆存 50 年的 670 余万 t 铬渣全部处置完毕。总的来看，《规划》的实施取得了良好的成效，截至 2015 年年底，全国 5 种重点重金属污染物（铅、汞、镉、铬和类金属砷）排放总量比 2007 年下降 27.7%，《规划》中的重点项目累计完成 89.9%，2012—2015 年平均每年发生涉重金属突发环境事件不到 3 起，与 2010 年、2011 年每年发生十几起相比，污染事件发生频率明显降低。

2.2 综合、区域规划中重金属污染防治任务

2011 年，国务院印发了《国家环境保护“十二五”规划》，首次在国家环境保护规划中设置了重金属污染防治相关专题任务——“遏制重金属污染事件高发态势”，任务要求加强重点行业和区域重金属污染防治，实施重金属污染源综合防治等。土壤环境保护、环境风险防控、环境监管体系建设、重大环保工程、科技支撑等任务均涉及重金属污染防治。在这些任务中也提出重金属污染防治相关要求：“以大中城市周边、重污染工矿企业、集中治污设施周边、重金属污染防治重点区域、饮用水水源地周边、废弃物堆存场地等典型污染场地和受污染农田为重点，开展污染场地、土壤污染治理与修复试点示范”“以排放重金属、危险废物、持久性有机污染物和生产使用危险化学品的企业为重点，全面调查重点环境风险源和环境敏感点，建立环境风险源数据库”“健全环境污染责任保险制度，研究建立重金属排放等高环境风险企业强制保险制度”“开展重金属、挥发性有机物等典型环境问题特征污染因子排放源的监测”“重点领域环境风险防范工程包括重金属污染防治、持久性有机污染物和危险化学品污染防治、危险废物和医疗废物无害化处置等工程”“研发氮氧化物、重金属、持久性有机污染物、危险化学品等控制技术和适合我国国情的土壤修复、农业面源污染治理等技术”“卫生部门要积极推进环境与健康相关工作，加大重金属诊疗系统建设力度”。

2016 年，国务院印发了《“十三五”生态环境保护规划》，设置了“加大重金属污染防治力度”专题任务，提出加强重点行业环境管理、深化重点区域分类防控、开展重金属综合整治示范、加强汞污染控制等要求。此外，在“分类防治土壤环境污染任务”中也提出重金属污染防

治相关要求，提出继续在湖南长株潭地区开展重金属污染耕地修复及农作物种植结构调整试点工作；西南地区以有色金属、磷矿等矿产资源开发过程导致的环境污染风险防控为重点，加强磷、汞、铅等历史遗留土壤污染治理；珠江三角洲地区以化工、电镀、印染等重污染行业企业遗留污染地块为重点，强化污染地块开发利用的环境监管；湘江流域地区以镉、砷等重金属污染为重点，对污染耕地采取农艺调控、种植结构调整、退耕还林还草等措施，严格控制农产品超标风险。

2017 年，环境保护部等三部委印发了《长江经济带生态环境保护规划》，在推进重点区域土壤污染防治任务中，提出加强土壤重金属污染源头控制，提高铅蓄电池等行业落后产能淘汰标准，逐步淘汰落后产能。到 2020 年，铜冶炼、铅冶炼、锌冶炼、铅蓄电池制造等主要涉重金属行业重金属排放强度低于全国平均水平。加强有色金属冶炼、制革、铅酸蓄电池、电镀等行业重金属污染治理，推动电镀、制革等园区化发展，江苏、浙江、江西、湖北、湖南、云南等省逐步将涉重金属行业的重金属排放纳入排污许可证管理。实施重要粮食生产区域周边的工矿企业重金属排放总量控制，达不到环保要求的，实施升级改造，或依法关闭、搬迁。加强长江经济带 69 个重金属污染重点防控区域治理，2017 年年底前，重点区域制定并组织实施“十三五”重金属污染防治规划。继续推进湘江流域重金属污染治理。制定实施“锰三角”重金属污染综合整治方案。

2.3 重点领域规划、计划中重金属污染防治任务

2012 年 10 月，环境保护部等 4 部委联合印发了《“十二五”危险废物污染防治规划》，明确落实铬盐生产企业铬渣治理的主体责任，确保当年产生的铬渣当年全部得到无害化利用处置。以天津、山西、内蒙

古、辽宁、吉林、山东、河南、湖南、重庆、云南、甘肃、青海、新疆等省（区、市）为重点，加大督办力度，落实地方政府责任，确保2012年年底前完成历史遗留铬渣治理任务。此外，还提出了完善《危险废物经营许可证管理办法》，鼓励生产或经营企业建立废铅蓄电池回收网络。以移动通信、机动车维修、电动自行车销售等行业为重点，开展废铅蓄电池收集体系示范项目建设。开展废铅蓄电池利用处置环保核查，依法关闭不符合再生铅行业准入条件或达不到相关标准规范要求的企业。在西北部地区建设电石法聚氯乙烯行业低汞触媒生产与废汞触媒回收一体化试点示范企业。以贵州、湖南、河南等省为重点，坚决取缔土法炼汞非法行为。以湖南、广东、广西、云南等省（区）为重点，加强含镉、含砷危险废物的无害化利用和处置。推动再生铅、有色金属冶炼废物、含汞废物等危险废物的利用处置基地建设。

2013年，国务院印发的“大气十条”，提出所有燃煤电厂、钢铁企业的烧结机和球团生产设备、石油炼制企业的催化裂化装置、有色金属冶炼企业都要安装脱硫设施。对钢铁、水泥、化工、石化、有色金属冶炼等重点行业进行清洁生产审核，针对节能减排关键领域和薄弱环节，采用先进适用的技术、工艺和装备，实施清洁生产技术改造。在50%以上的各类国家级园区和30%以上的各类省级园区实施循环化改造，主要有色金属品种以及钢铁的循环再生比重达到40%左右。京津冀、长三角、珠三角等区域以及辽宁中部、山东、武汉及其周边、长株潭、成渝、海峡西岸、山西中北部、陕西关中、甘宁、乌鲁木齐城市群（“三区十群”）中的47个城市，新建火电、钢铁、石化、水泥、有色金属、化工等企业以及燃煤锅炉项目要执行大气污染物特别排放限值。有序推进位于城市主城区的钢铁、石化、化工、有色金属冶炼、水泥、平板玻璃等重污染企业环保搬迁、改造，到2017年基本完成。

2015年，国务院印发的“水十条”，提出全部取缔不符合国家产业政策的小型制革、印染、染料、炼焦、炼硫、炼砷、炼油、电镀、农药等严重污染水环境的生产项目。制定造纸、焦化、氮肥、有色金属、印染、农副食品加工、原料药制造、制革、农药、电镀等行业专项治理方案，实施清洁化改造。制革行业实施铬减量化和封闭循环利用技术改造。七大重点流域干流沿岸，要严格控制石油加工、化学原料和化学制品制造、医药制造、化学纤维制造、有色金属冶炼、纺织印染等项目环境风险，合理布局生产装置及危险化学品仓储等设施。城市建成区内现有钢铁、有色金属、造纸、印染、原料药制造、化工等污染较重的企业应有序搬迁改造或依法关闭。选择对水环境质量有突出影响的总氮、总磷、重金属等污染物，研究纳入流域、区域污染物排放总量控制约束性指标体系。鼓励涉重金属、石油化工、危险化学品运输等高环境风险行业投保环境污染责任保险。开展有机物和重金属等水环境基准、水污染对人体健康影响、新型污染物风险评价、水环境损害评估、高品质再生水补充饮用水水源等研究。

2016年，国务院印发的“土十条”，提出重点监测土壤中镉、汞、砷、铅、铬等重金属和多环芳烃、石油烃等有机污染物，重点监管有色金属矿采选、有色金属冶炼、石油开采、石油加工、化工、焦化、电镀、制革等行业，以及产粮（油）大县、地级以上城市建成区等区域。在农用地保护、建设用地调查评估、未污染土壤保护、源头防控、科技研发、财政投入等方面提出重金属污染防治相关管控要求（表2-1）。

表 2-1 “土十条”中与重金属污染防治相关的要求

涉及方向	主要内容
管控重点	重点监测土壤中镉、汞、砷、铅、铬等重金属和多环芳烃、石油烃等有机污染物，重点监管有色金属矿采选、有色金属冶炼、石油开采、石油加工、化工、焦化、电镀、制革等行业，以及产粮（油）大县、地级以上城市建成区等区域
农用地保护	严格控制在优先保护类耕地集中区域新建有色金属冶炼、石油加工、化工、焦化、电镀、制革等行业企业，现有相关行业企业要采用新技术、新工艺，加快提标升级改造步伐； 继续在湖南长株潭地区开展重金属污染耕地修复及农作物种植结构调整试点工作
建设用地调查评估	从 2017 年起，对拟收回土地使用权的有色金属冶炼、石油加工、化工、焦化、电镀、制革等行业企业用地，以及用途拟变更为居住和商业、学校、医疗、养老机构等公共设施的上述企业用地，由土地使用权人负责开展土壤环境状况调查评估；已经收回的由所在地市、县级人民政府负责开展调查评估
未污染土壤保护	严格执行相关行业企业布局选址要求，禁止在居民区、学校、医疗和养老机构等周边新建有色金属冶炼、焦化等行业企业
源头防控	有色金属冶炼、石油加工、化工、焦化、电镀、制革等行业企业在拆除生产设施设备、构筑物和污染治理设施时，要事先制定残留污染物清理和安全处置方案，并报所在地县级环境保护、工业和信息化部门备案；要严格按照有关规定实施安全处理处置，防范拆除活动污染土壤； 加强涉重金属行业污染防控。严格执行重金属污染物排放标准并落实相关总量控制指标，加大监督检查力度，对整改后仍不达标的企业，依法责令其停业、关闭，并将企业名单向社会公开。继续淘汰涉重金属重点行业落后产能，完善重金属相关行业准入条件，禁止新增落后产能或产能严重过剩行业的建设项目。按计划逐步淘汰普通照明白炽灯。提高铅酸蓄电池等行业落后产能淘汰标准，逐步淘汰落后产能。制定涉重金属重点工业行业清洁生产技术推行方案，鼓励企业采用先进适用的生产工艺和技术。2020 年重点行业的重点重金属排放量要比 2013 年下降 10%
科技研发	整合高等学校、研究机构、企业等科研资源，开展土壤环境基准、土壤环境容量与承载能力、污染物迁移转化规律、污染生态效应、重金属低积累作物和修复植物筛选，以及土壤污染与农产品质量、人体健康关系等方面基础研究
财政投入	统筹安排专项建设基金，支持企业对涉重金属落后生产工艺和设备进行技术改造

2018 年，国务院印发的《打赢蓝天保卫战三年行动计划》，提出积极推行区域、规划环境影响评价，新、改、扩建钢铁、石化、化工、焦化、建材、有色金属等行业项目的环境影响评价，应满足区域、规划环评要求。开展钢铁、建材、有色金属、火电、焦化、铸造等重点行业及燃煤锅炉无组织排放排查，建立管理台账，对物料（含废渣）运输、装卸、储存、转移和工艺过程等无组织排放实施深度治理，2018 年年底前京津冀及周边地区基本完成治理任务，长三角地区和汾渭平原 2019 年年底前完成，全国 2020 年年底前基本完成。在重污染天气黄色及以上预警期间，对钢铁、建材、焦化、有色金属、化工、矿山等涉及大宗物料运输的重点用车企业，实施应急运输响应。加大秋冬季工业企业生产调控力度，各地针对钢铁、建材、焦化、铸造、有色金属、化工等高排放行业，制定错峰生产方案，实施差别化管理（专栏 2-1）。

专栏 2-1　《打赢蓝天保卫战三年行动计划》实施配套政策——《工业炉窑大气污染综合治理方案》

为贯彻落实《国务院关于印发打赢蓝天保卫战三年行动计划的通知》有关要求，指导各地加强工业炉窑大气污染综合治理，协同控制温室气体排放，促进产业高质量发展，2019 年，生态环境部等 4 部委制定了《工业炉窑大气污染综合治理方案》（以下简称《方案》）。

《方案》提出加大产业结构调整力度、加快燃料清洁低碳化替代、实施污染深度治理、开展工业园区和产业集群综合整治等四项任务。具体对重有色金属冶炼业提出熔炼炉应配备覆膜袋式等高效除尘设施；铅、锌、铜、镍、锡熔炼炉配置两转两吸制酸工艺，制酸尾气二氧化硫排放不达标的配备脱硫设施，钴、锑、钒熔炼炉尾气应配备脱硫设施；重点区域配备活性炭吸附、过氧化氢、金属氧化物吸收法等高效脱硫设施的要求。环境烟气应全部收集，配备袋式等高效除尘设施。严格控制工业炉窑生产工艺过程及相关物料储存、输送等无组织排放，在保障生产安全的前提下，采取密闭、封闭等有效措施，有效提高废气收集率，产尘点及车间不得有可见烟粉尘外逸。生产工艺产尘点（装置）应采取密闭、封闭或设置集气罩等措施。煤粉、粉煤灰、石灰、除尘灰、脱硫灰等粉状物料应密闭或封闭储存，采用密闭皮带、封闭通廊、管状带式输送机或密闭车厢、真空罐车、气力输送等方式输送。粒状、块状物料应采用入棚入仓或建设防风抑尘网等方式进行储存，粒状物料采用密闭、封闭等方式输送。物料输送过程中产尘点应采取有效抑尘措施。

2018 年，生态环境部、国家发展改革委印发了《长江保护修复攻坚战行动计划》，提出制定造纸、焦化、氮肥、有色金属、印染、农副食品加工、原料药制造、制革、农药、电镀等十大重点行业专项治理方案，推动工业企业全面达标排放。深化沿江石化、化工、医药、纺织、印染、化纤、危险化学品和石油类仓储、涉重金属和危险废物等重点企业环境风险评估，限期排除风险隐患。在主要支流组织调查，摸清尾矿库底数，按照“一库一策”开展整治工作。促进水体污染控制与治理、水资源高效开发利用、重大有害生物灾害防治、农业面源和重金属污染农田综合防治与修复等科研项目的成果转化。

3 重金属污染防治相关规章与规范制定情况

涉重金属的部门规章与规范性文件包括《关于加强涉重金属行业污染防控的意见》，环境执法政策、经济政策，以及水、大气、土壤和固废等各领域的相关制度，这些政策、制度的出台，有效地丰富了我国重金属污染防治政策制度体系。

3.1 加强涉重金属行业污染防控的意见

为进一步加强涉重金属行业污染防控，2018 年 4 月，生态环境部印发了《关于加强涉重金属行业污染防控的意见》（环土壤〔2018〕22 号）（以下简称《意见》）（附件 1）。《意见》是“十三五”重金属污染防治工作的统领性文件，深化了我国重金属污染防控工作。《意见》聚焦重点行业、重点地区和重点重金属污染物，提出“到 2020 年，全国重点行业的重点重金属污染物排放量比 2013 年下降 10%；集中解决一批威胁群众健康和农产品质量安全的突出重金属污染问题，进一步遏制‘血铅事件’、粮食镉超标风险；建立企事业单位重金属污染物排放总量控制制度”的目标。《意见》明确了五项任务：

——组织开展涉重金属重点行业企业全面排查，建立全口径涉重金属重点行业企业清单；

——分解落实减排指标和措施，将重金属减排目标任务分解落实到有关涉重金属重点行业企业，明确相应的减排措施和工程，建立企事业单位重金属污染物排放总量控制制度；

——严格环境准入，新、改、扩建重金属重点行业建设项目必须有明确具体的重金属污染物排放总量来源，且遵循“减量置换”或“等量替换”的原则；

——开展重金属污染整治，推动涉重金属企业实现全面达标排放，切断重金属污染物进入农田的链条；

——严格执法，对以不正常运行防治污染设施等逃避监管的方式违法排放污染物的，严格依法移送公安机关予以行政拘留处罚；对非法排放、倾倒、处置含铅、汞、镉、铬、砷等重金属污染物，涉嫌犯罪的，及时移送公安机关依法追究刑事责任（专栏 3-1）。

专栏 3-1　《关于加强涉重金属行业污染防控的意见》实施进展

截至 2018 年年底，全国共排查确认涉重金属重点行业企业 13 897 家。各地制定重金属污染防控方案，加强重金属污染物减排。内蒙古、河南、江西等 13 个省份发布公告，在矿产资源开发活动集中的 4 个地市和 63 个区（县）执行重金属污染物特别排放限值。据初步统计，2016 年以来全国关停涉重金属行业企业 1 300 余家，实施重金属减排工程 900 多个。

为落实《关于加强涉重金属行业污染防控的意见》中提出的关于“2020年重点行业的重点重金属污染物排放量比2013年下降10%”的要求，生态环境部制定《重点重金属污染物排放量控制目标完成情况评估细则（试行）》（环办固体〔2019〕38号）（附件2），规定了排放量评估要求以及基础排放量、新增排放量、工程削减量的核算方法，以规范重点行业重点重金属污染物减排核算和核查，指导重点重金属污染物排放量控制目标评估。

生态环境部开展《铅、锌工业污染物排放标准》(GB 25466—2010)、《钢铁工业水污染物排放标准》（GB 13456—2012）、《磷肥工业水污染物排放标准》（GB 15580—2011）和《锡、锑、汞工业水污染物排放标准》（GB 30770—2014）等涉铊行业标准修改单制定工作，纳入铊排放限值和相应管理要求，提出总铊限值为5～50 μg/L。

3.2 涉及重金属排放监管要求的部门规章

2014年12月，环境保护部发布的《环境保护主管部门实施按日连续处罚办法》《环境保护主管部门实施查封、扣押办法》《环境保护主管部门实施限制生产、停产整治办法》《企业事业单位环境信息公开办法》等4项部门规章，提出环境保护主管部门实施按日计罚处罚办法，实施查封、扣押办法，实施限制生产、停产整治办法以及企业、事业单位环境信息公开办法等，并于2015年1月1日与《环境保护法》配套同步实施，有效完善了环保部门依法行政、重拳打击包括重金属污染在内的环境违法行为和强化排污者环境保护主体责任的政策制度，同时也规范了涉重金属排污者生产活动。

县级以上环境保护主管部门对企业、事业单位和其他生产经营者（以下称排污者）实施按日连续处罚的，适用《环境保护主管部门实施按日连续处罚办法》。规定对排污者以超标排放、超总量排放、逃避监管的方式排放污染物、排放禁止排放的污染物、违法倾倒危险废物等情形之一受到处罚，被责令改正拒不改正的，实施按日处罚。

对排污者违反法律法规规定排放污染物、造成或者可能造成严重污染的，县级以上环境保护主管部门对造成污染物排放的设施、设备实施查封、扣押，适用《环境保护主管部门实施查封、扣押办法》。规定对排污者有违法排放、倾倒或者处置含传染病病原体的废物、危险废物、含重金属污染物或者持久性有机污染物等有毒物质或者其他有害物质的；在饮用水水源一级保护区、自然保护区核心区违反法律法规规定排放、倾倒、处置污染物的；违反法律法规规定排放、倾倒化工、制药、石化、印染、电镀、造纸、制革等工业污泥的；通过暗管、渗井、渗坑、灌注或者篡改、伪造监测数据，或者不正常运行防治污染设施等逃避监管的方式违反法律法规规定排放污染物的，环境保护主管部门依法实施查封、扣押。

县级以上环境保护主管部门对超过污染物排放标准或者超过重点污染物排放总量控制指标排放污染物的企业、事业单位和其他生产经营者，责令采取限制生产、停产整治措施，适用《环境保护主管部门实施限制生产、停产整治办法》。规定对排污者有通过暗管、渗井、渗坑、灌注或者篡改、伪造监测数据，或者不正常运行防治污染设施等逃避监管的方式排放污染物；超过污染物排放标准的，非法排放含重金属、持久性有机污染物等严重危害环境、损害人体健康的污染物超过污染物排放标准三倍的；超过重点污染物排放总量年度控制指标排放污染物的，环境保护主管部门可以责令其采取停产整治措施。还规定排污者有两年内因排放含重金属、持久性有机污染物等有毒物质超过污染物排放标准受过两次以上行政处罚，又实施前列行为的，环境保护主管部门报经有批准权的人民政府责令停业、关闭。

《企业事业单位环境信息公开办法》规定设区的市级人民政府环境主管部门应当于每年3月底前确定本行政区内重点排污单位名录，并通过便于公众知晓的方式公布，且规定了重点排污单位应当公开的信息内容、公开方式等。

3.3 重金属污染防治相关经济政策

实施一系列重金属污染防治相关经济政策，运用财政、税收、保险等经济手段，调节或影响市场主体的行为，推动经济建设与环境保护协调发展。

3.3.1 中央财政专项资金

2010年，中央财政设立中央重金属污染防治专项资金，2011年，财政部、环境保护部印发《中央重金属污染防治专项资金管理办法》，提出了重金属专项资金管理的总体要求。此外，国家发展改革委、农业部等部门也投入资金开展重金属污染治理，“十二五”时期中央累计投入210多亿元支持开展重金属污染治理。2016年，中央财政设立土壤污染防治专项资金，财政部、环境保护部印发《土壤污染防治专项资金管理办法》，同时废止《中央重金属污染防治专项资金管理办法》。2019年财政部重新印发《土壤污染防治专项资金管理办法》，同时废止两部委2016年印发的管理办法，进一步明确了专项资金重点支持范围，包括土壤污染状况详查和监测评估，建设用地、农用地地块调查及风险评估，土壤污染源头防控，土壤污染风险管控，土壤污染修复治理，支持设立省级土壤污染防治基金，土壤环境监管能力提升以及与土壤环境质量改善密切相关的其他内容，其中土壤污染源头防控以重金属污染防治项目为主。2016 年下达土壤污染防治专项资金 68.75 亿元，2017 年下达 65.35 亿元，2018 年下达 35 亿元，2019 年下达 50 亿元。中央财政政策连续 10 年的支持，有力地支撑了我国重金属污染防治工作的开展。

3.3.2 涉重金属税收政策

（1）完善涉重金属资源综合利用产品及劳务增值税政策

2011 年，财政部发布的《关于调整完善资源综合利用产品及劳务增值税政策的通知》（财税〔2011〕115 号），对销售以废旧电池、废感光材料、废彩色显影液、废催化剂、废灯泡（管）、电解废弃物、电镀废弃物、废线路板、树脂废弃物、烟尘灰、湿法泥、熔炼渣、河底淤泥、废旧电机、报废汽车为原料生产的金、银、钯、铑、铜、铅、汞、锡、铋、碲、铟、硒、铂族金属，实行自产货物增值税即征即退 50%的政策并要求生产原料中上述资源的比重不低于 90%。

（2）排污费改环境保护税，涉重金属行业企业征收标准略有提高

2017 年，国务院发布《中华人民共和国环境保护法税法实施条例》，2018 年 1 月 1 日起，《中华人民共和国环境保护税法》正式实施，届时将不再征收排污费，同时依法征收环境保护税。环境保护税与排污费相比，在重金属污染物计税依据上，大气污染物的收取标准由原来的每污染当量的 0.6 元调整为 1.2～12 元，水污染物由原来的每污染当量 1.4 元调整为 1.4～14 元。鼓励地方上调收取标准，上限为最低标准的 10 倍，所以，整体比排污费征收标准要高。排污费只规定了一档减征政策，低于国家或地方规定的排放标准 50%以上的，减半征收排污费。环境保护税根据纳税人排放污染物浓度值低于国家和地方规定排放标准的程度不同，设置了两档减税优惠，即纳税人排污浓

度值低于规定标准30%的，减按75%征税；纳税人排污浓度值低于规定排放标准50%的，减按50%征税，进一步鼓励企业改进工艺、减少对环境的污染。

3.3.3 环境保护综合名录

原环境保护部先后4次修订《环境保护综合名录》（见附件3），完善各类重金属污染物“高污染、高环境风险”（以下简称“双高”）产品名录。《环境保护综合名录》从全生命周期角度提出“双高”产品，包含百余种涉重金属污染的产品，为政府部门、企业、社会组织和公众参与环境治理工作提供科学有效的参考，有效推动构建绿色税收、绿色贸易、绿色金融等环境经济政策的制定及实施。同时，通过建议国家有关部门采取差别化的经济政策和市场监管政策，遏制“双高”产品的生产、消费和出口，鼓励企业采用环境友好工艺，逐步降低重污染工艺的权重，并加大环境保护专用设备投资，达到以环境保护倒逼技术升级、优化经济结构的目的。根据《环境保护综合名录》统计，重金属及其化合物中，涉砷及砷化合物的“双高”产品最多，然后依次为涉铅及铅化合物的“双高”产品、涉汞及汞化合物的“双高”产品、涉铬及铬化合物的“双高”产品，涉镉及镉化合物的“双高”产品最少。

3.3.4 环境污染责任保险

2013年，环境保护部、中国保险监督管理委员会联合下发的《关于开展环境污染强制责任保险试点工作的指导意见》，明确将涉重金属企业纳入试点范围，以社会化、市场化途径解决环境污染损害，促使企业加强环境风险管理，减少污染事故发生。环境污染责任保险在防范环境风险、补偿污染受害者、推动环境保护事中和事后监管方面发挥了积极作用。江西、内蒙古、湖南等省（区）均有序开展了环境污染强制责任保险试点工作。

3.4 生态环境保护重点领域相关政策

3.4.1 水和大气污染防治领域

近年来，在水和大气环境保护领域，与重金属污染防治最密切的制度为固定污染源排污许可制度。党的十八届三中、五中全会和《生态文明体制改革总体方案》提出改革环境治理基础制度，建立覆盖所有固定污染源的企业排放许可制度。排污许可制度设计逐步健全与完善。随着排污许可制度的实施，涉重金属重点行业企业依法持证排污、政府部门依证监管得到逐步落实。

为进一步推动环境治理基础制度改革，改善环境质量，2016 年，国务院办公厅印发《控制污染物排放许可制实施方案》（以下简称《方案》）。《方案》提出，到 2020 年，完成覆盖所有固定污染源的排污许可证核发工作，全国排污许可证管理信息平台有效运转，各项环境管理制度合理精简、有机衔接，企事业单位环保主体责任得到落实，基本建立法规体系完备、技术体系科学、管理体系高效的排污许可制度，对固定污染源实施全过程管理和多污染物协同控制，实现系统化、科学化、法治化、精细化、信息化的“一证式”管理。为规范排污许可管理，2017 年，环境保护部发布的《排污许可管理办法（试行）》，适用排污许可证的申请、核发、执行以及与排污许可相关的监管和处罚等行为。

生态环境部（原环境保护部）已先后发布 2017 年版、2019 年版《固定污染源排污许可分类管理名录》。2017 年版规定国家根据排污者污染物产生量、排放量和环境危害程度，实行排污许可重点管理和简化管理，2019 年版增加了登记管理类别，且行业覆盖面更广。相较于 2017 年版，2019 年版名录涉重金属重点行业中，增加了有色金属矿采选业管理要求，明确将皮革鞣制加工（无鞣制工序的），除重点管理以外的有酸洗、抛光（电解抛光和化学抛光）、热浸镀（溶剂法）、淬火或者无铬钝化等工序的，年使用 10 t 及以上有机溶剂的金属表面处理及热处理加工，以及锂离子电池制造、镍氢电池制造、锌锰电池制造、其他电池制造等类别列入简化管理（表 3-1）。

表 3-1　2017 年版与 2019 年版《固定污染源排污许可分类管理名录》涉重金属重点行业要求对比

版本	行业类别	重点管理	简化管理	登记管理
有色金属矿采选业 09				
2019 年	常用有色金属矿采选 091，贵金属矿采选 092，稀有稀土金属矿采选 093	涉及通用工序重点管理的	涉及通用工序简化管理的	其他
皮革、毛皮、羽毛及其制品和制鞋业 19				
2017 年	皮革鞣制加工 191，毛皮鞣制及制品加工 193	含鞣制工序的	其他	—
2019 年		有鞣制工序的	皮革鞣制加工 191（无鞣制工序的）	毛皮鞣制及制品加工 193（无鞣制工序的）
化学原料和化学制品制造业 26				
2017 年	基础化学原料制造 261	无机酸制造、无机碱制造、无机盐制造，以上均不含单纯混合或者分装的	烧碱制造、单纯混合或者分装的无机碱制造、无机盐制造、无机酸制造	—

版本	行业类别	重点管理	简化管理	登记管理
2019 年	基础化学原料制造 261	无机酸制造 2611，无机碱制造 2612，无机盐制造 2613，有机化学原料制造 2614，其他基础化学原料制造 2619（非金属无机氧化物、金属氧化物、金属过氧化物、金属超氧化物、硫黄、磷、硅、精硅、硒、砷、硼、碲），以上均不含单纯混合或者分装的	单纯混合或者分装的无机酸制造 2611、无机碱制造 2612、无机盐制造 2613、有机化学原料制造 2614、其他基础化学原料制造 2619（非金属无机氧化物、金属氧化物、金属过氧化物、金属超氧化物、硫黄、磷、硅、精硅、硒、砷、硼、碲）	其他基础化学原料制造 2619（除重点管理、简化管理以外的）
2017 年	聚氯乙烯	聚氯乙烯	—	
2019 年	合成材料制造 265	初级形态塑料及合成树脂制造 2651，合成橡胶制造 2652，合成纤维单（聚合）体制造 2653，其他合成材料制造 2659（陶瓷纤维等特种纤维及其增强的复合材料的制造）	—	其他合成材料制造 2659（除陶瓷纤维等特种纤维及其增强的复合材料的制造以外的）
有色金属冶炼和压延加工业 32				
2017 年	常用有色金属冶炼 321	铜、铅、锌、镍、钴、锡、锑、铝、镁、汞、钛等常用有色金属冶炼（含再生铜、再生铝和再生铅冶炼）	—	—
2019 年	常用有色金属冶炼 321	铜、铅、锌、镍、钴、锡、锑、铝、镁、汞、钛等常用有色金属冶炼（含再生铜、再生铝和再生铅冶炼）	—	其他

版本	行业类别	重点管理	简化管理	登记管理
金属制品业 33				
2017 年	金属表面处理及热处理加工 336	有电镀、电铸、电解加工、刷镀、化学镀、热浸镀（溶剂法）以及金属酸洗、抛光（电解抛光和化学抛光）、氧化、磷化、钝化等任一工序的，专门处理电镀废水的集中处理设施，使用有机涂层的（不含喷粉和喷塑）	其他	—
2019 年		纳入重点排污单位名录的，专业电镀企业（含电镀园区中电镀企业），专门处理电镀废水的集中处理设施，有电镀工序的，有含铬钝化工序的	除重点管理以外的有酸洗、抛光（电解抛光和化学抛光）、热浸镀（溶剂法）、淬火或者无铬钝化等工序的，年使用 10t 及以上有机溶剂的	其他
电气机械和器材制造业 38				
2017 年	电池制造 384	铅酸蓄电池制造	其他	—
2019 年		铅酸蓄电池制造 3843	锂离子电池制造 3841，镍氢电池制造 3842，锌锰电池制造 3844，其他电池制造 3849	—

3.4.2 土壤污染防治领域

2014 年，环境保护部、国土资源部发布的《全国土壤污染状况调查公报》显示，我国土壤污染类型以无机型为主，无机污染物超标点位数占全部超标点位数的 82.8%，涉及镉、汞、砷、铜、铅、铬、锌、镍等 8 种重金属污染物。重金属污染防治在土壤污染防治领域十分重要。依据《中华人民共和国土地管理法》，根据土地用途，土地可分为农用地、建设用地和未利用地。农用地是指直接用于农业生产的土地，包括耕地、林地、草地、农田水利用地、养殖水面等；建设用地是指建造建筑物、构筑物的土地，包括城乡住宅和公共设施用地、工矿用地、交通水利设施用地、旅游用地、军事设施用地等；未利用地是指农用地和建设用地以外的土地。“土十条”要求对农用地实施分类管理，保障农业生产环境安全；对建设用地实施准入管理，防范人居环境风险。

在农用地土壤重金属污染防治政策方面，2017 年，环境保护部公布了《农用地土壤环境管理办法（试行）》，严格控制在优先保护类耕地集中区域新建有色金属冶炼、石油加工、化工、焦化、电镀、制革等行业企业，有关环境保护主管部门依法不予审批可能造成耕地土壤污染的建设项目环境影响报告书或者报告表。2018 年，生态环境部发布了《农用地土壤污染风险管控标准（试行）》（GB 15618—2018），规定农用地土壤污染风险筛选值（基本污染物项目）与农用地土壤污染风险管制值，涉及的污染物全部为重金属污染物，风险筛选值（基本项目）的污染物项目包括镉、汞、砷、铅、铬、铜、镍、锌等 8 项，风险管制值的污染物项目包括镉、汞、砷、铅、铬等 5 项。

在建设用地土壤重金属污染防治政策方面，2016 年，环境保护部公布了《污染地块土壤环境管理办法（试行）》，该办法规定疑似污染地块，是指从事过有色金属冶炼、石油加工、化工、焦化、电镀、制革等行业生产经营活动，以及从事过危险废物贮存、利用、处置活动的用地。2018 年，生态环境部公布了《工矿用地土壤环境管理办法（试行）》，该办法适用于从事工业、矿业生产经营活动的土壤环境污染重点监管单位用地土壤和地下水的环境现状调查、环境影响评价、污染防治设施的建设和运行管理、污染隐患排查、环境监测和风险评估、污染应急、风险管控和治理及修复等活动，以及相关环境保护监督管理，该办法还规定土壤环境重点监管单位包括有色金属冶炼、石油加工、化工、焦化、电镀、制革等行业中应当纳入排污许可重点管理的企业，以及有色金属矿采选、石油开采行业规模以上企业等。2018 年，生态环境部发布了《土壤环境质量建设用地土壤污染风险管控标准（试行）》（GB 36600—2018），规定了 45 项污染物建设用地土壤污染风险筛选制和管制值（基本项目），包括砷、镉、铬（六价）、铜、铅、汞、镍等 7 项重金属污染物，规定了 40 项污染物建设用地土壤污染风险筛选值和管制值（其他项目），包括锑、铍、钴、甲基汞、钒等 5 项重金属污染物。

2016 年以来，土壤环境保护领域部门规章、标准的陆续出台，进一步夯实了我国土壤重金属污染防治环境管理政策体系基础。

3.4.3 固体废物污染防治领域

《国家危险废物名录》是涉重金属危险废物规范化管理的重要政策基础。《国家危险废物名录》（2016 年版）中，HW17 表面处理废物、HW21 含铬废物、HW22 含铜废物、HW23 含锌废物、HW24 含砷废物、HW26 含镉废物、HW27 含锑废物、HW29 含汞废物、HW30 含铊废物、HW31 含铅废物等 10 大类危险废物均为涉重金属危险废物，涉及的重金属重点行业包括电镀行业、有色金属采选及冶炼业、皮革及其制品业、铅蓄电池制造业等（见附件 4）。《国家危险废物名录》（2016 年版）的发布实施推动了涉重金属危险废物科学化和精细化管理，对防范涉重金属危险废物环境风险、改善生态环境质量发挥了重要作用。

根据《中华人民共和国固体废物污染环境防治法》《控制危险废物越境转移及其处置巴塞尔公约》《固体废物进口管理办法》和有关法律法规，生态环境部等5部委对现行的《禁止进口固体废物目录》进行了调整和修订，于2018年4月13日起施行。《禁止进口固体废物目录》涉及多项与重金属相关的固体废物（见附件5）。

4

重金属及其化合物环境管理政策进展

重金属是指标准状况下密度大于 4.5 g/cm^3 的金属。当前，环境管理和污染防治所说的重金属是指镉、汞、砷、铅、铬和铊等生物毒性显著的化学元素及其化合物。重金属及其化合物既是人们生产和生活中广泛应用的工业产品，也是在环境中不可降解的污染物，其环境管理政策围绕着化学品管控和污染物管控来制定。我国各类优先控制化学品名录均将铅、汞、镉、铬、砷等 5 种重金属及化合物纳入首批名录，围绕着砷、汞两种重金属污染物的污染防治制定技术政策，围绕着汞元素管控的国际公约——《关于汞的水俣公约》于 2017 年生效。发布的 70 余项重金属及其化合物的监测方法标准基本形成了我国重金属污染物的监测体系，《重金属污染诊疗指南》规范了重金属污染潜在高风险人群健康体检项目、对中毒人群中毒诊断机构的要求、中毒人群中毒诊断标准、中毒人群中毒处置原则和重金属的检测方法。

4.1 重金属及其化合物相关名录

2017 年 12 月，环境保护部会同工业和信息化部、卫生计生委印发的《优先控制化学品名录（第一批）》（表 4-1），包含 22 种（类）化学物质，其中有 5 种（类）重金属物质；2019 年 1 月，生态环境部发布的《有毒有害大气污染物名录（2018）》，包含 11 种（类）污染物，其中有 5 种（类）重金属物质；2019 年 7 月，生态环境部发布的《有毒有害水污染物名录（第一批）》，包含 10 种（类）污染物，其中有 5 种（类）重金属物质。我国《优先控制化学品名录》重点识别和关注固有危害属性较大、环境中可能长期存在的并可能对环境和人体健康造成较大风险的化学品。铅、汞、镉、铬、砷等 5 种重金属及化合物，均纳入我国已发布的《优先控制化学品名录》或《有毒有害污染物名录》，应采取纳入排污许可制度管理、实行限制措施、实施清洁生产审核及信息公开制度等风险管控措施，最大限度降低该类化学品在生产和使用过程中对人类健康与环境造成的影响。

目前，国家尚未单独出台有毒有害土壤污染物名录，在《工矿用地土壤环境管理办法（试行）》中对有毒有害物质进行了说明：

——列入《中华人民共和国水污染防治法》规定的有毒有害水污染物名录的污染物；

——列入《中华人民共和国大气污染防治法》规定的有毒有害大气污染物名录的污染物；

——《中华人民共和国固体废物污染环境防治法》规定的危险废物；

——国家和地方建设用地土壤污染风险管控标准管控的污染物；

——列入优先控制化学品名录内的物质；

——其他根据国家法律法规有关规定应当纳入有毒有害物质管理的物质。

表 4-1　名录中涉及的重金属及其化合物

序号	名录	包含化学物质种类	涉及的重金属及其化合物
1	《优先控制化学品名录（第一批）》	22 种（类）化学物质	镉及镉化合物、汞及汞化合物、六价铬化合物、铅化合物、砷及砷化合物
2	《有毒有害水污染物名录（第一批）》	10 种（类）污染物	镉及镉化合物、汞及汞化合物、六价铬化合物、铅及铅化合物、砷及砷化合物
3	《有毒有害大气污染物名录（2018）》	11 种（类）污染物	镉及镉化合物、铬及铬化合物、汞及汞化合物、铅及铅化合物、砷及砷化合物

4.2　砷、汞污染防治技术政策

2015 年，环境保护部发布了《砷污染防治技术政策》《汞污染防治技术政策》，涉砷、汞等重金属污染行业多、分布广，围绕产生与排放砷、汞重金属污染物的行业，提出具有针对性的重金属污染防治技术政策。涉砷行业应遵循“源头减量、过程控制、末端治理、生态修复”的原则，加大产业结构调整和技术升级力度，加快淘汰落后产能；积极推广先进适用的生产工艺、污染防治技术及装备；防止砷二次污染。涉汞行业污染防治应遵循清洁生产与末端治理相结合的全过程污染防控原则，采用先进、成熟的污染防治技术，加强精细化管理，推进含汞废物的减量化、资源化和无害化，减少汞污染物排放（表 4-2，表 4-3）。

表 4-2 《砷污染防治技术政策》相关要求

项目	要求
行业	该技术政策所称的涉砷行业是指含砷资源开发与利用，含砷物料和产品的贮存、运输、生产与使用等行业。主要包括有色金属含砷矿石采选与冶炼、黄铁矿制酸、磷肥和锌化工产品生产、铁矿石烧结、含砷燃煤使用、含砷制剂生产和使用、含砷废气净化、废水处理和固体废物处置及综合利用等行业
清洁生产	• 鼓励优先开采和使用砷含量低的矿石和燃煤；生产或进口的铜、铅、锌、锡、锑和金等精矿中砷含量应满足相关精矿标准和国家政策要求。 • 含砷精矿以及含砷危险废物在收集、运输、贮存时，应采取密闭或其他防漏散、防飞扬措施。 • 鼓励有色金属冶炼企业采用符合一、二级清洁生产标准的冶炼工艺；硫化铜和硫化铅精矿采用闪速熔炼、富氧熔池熔炼等工艺及装备；硫化锌精矿采用常规湿法冶金、氧压浸出等工艺及装备。 • 铜、铅、锌、锡、锑、金等精矿冶炼过程中回收伴生有价元素时，应严格控制含砷物料污染。 • 铜、铅、锡、镍等电解精炼过程中产生的阳极泥，鼓励采用富氧底吹熔炼炉、卡尔多炉等先进炉窑回收金、银等。回收前鼓励源头除砷及砷无害化处理。 • 控制铜、锌、锡、锑、镉、铟等金属冶炼过程中砷化氢的产生，砷化氢气体应采用吸收、吸附等方法进行处理。 • 逐步限制玻璃器皿行业和木材防腐行业使用含砷制剂；逐步淘汰饲料和养殖行业添加和使用含砷制剂；严格控制含砷制剂在农业领域的使用。含砷制剂生产、贮存和使用过程应遵循国家相关要求
污染治理	• 含砷烟尘应采用袋式除尘、湿式除尘、静电除尘等及其组合工艺进行高效净化。 • 涉砷企业生产区初期雨水、地面冲洗水、车间生产废水、渣场渗滤液在其生产车间或生产设施中应单独收集、分质处理或回用，实现循环利用或达标排放；生产车间或生产设施排放口废水中砷含量应达到国家排放标准要求。 • 有色金属采选行业含砷废水应采用氧化沉淀、混凝沉淀、吸附、生物制剂等方法或组合工艺进行处理并循环利用。 • 有色金属冶炼行业污酸和含砷废水应采用硫化沉淀、石灰-铁盐共沉淀、硫化-石灰中和、高浓度泥浆-铁盐法、生物制剂、电絮凝等方法或组合工艺进行处理。 • 黄铁矿制酸和磷肥生产过程中产生的污酸或含砷废水，铁矿石烧结烟气脱硫过程中产生的含砷废液应采用石灰中和、铁盐混凝等方法或组合工艺进行处理。 • 含砷污泥和含砷废渣应进行固化、稳定化处理，按国家相关要求进行运输、贮存和安全处置

项目	要求
综合利用	• 鼓励含砷物料产生量较大的企业对含砷废渣和废料进行资源化处置；采用湿法冶金技术回收含砷污泥、砷烟尘等废渣和废料中有价金属，二次砷渣应进行安全无害化处置。 • 利用有色金属冶炼过程中产生的高砷物料生产三氧化二砷、金属砷等产品的单位应符合危险废物经营许可证管理办法要求。 • 涉砷企业应加强对原料场及各生产工序含砷污染物排放的控制；含砷物料用作水泥生产原料应进行安全性评估
二次污染防治	• 含砷废石堆场应按照一般工业固体废物贮存、处置场污染控制标准执行；含砷废渣贮存堆场必须按照危险废物填埋场选址与安全措施要求执行；含砷尾矿库必须采取防渗漏、防氧化、防流失等无害化处置措施，并建立三级防控体系。尾矿库闭库必须按要求覆土并种植植物，防止滑坡、水土流失及风蚀扬尘等；必须定期监测渗漏液和地下水，确保长期安全封存。 • 按照国家相关规定，加强对历史遗留含砷冶炼场地、废渣堆场以及周边土壤和地下水环境质量的调查、监测与风险评估；开展含砷废渣、废渣堆场及其周边污染土壤综合整治。 • 鼓励采用固化及稳定化技术治理砷污染场地土壤；鼓励采用植物修复、植物-微生物联合修复或农业生态工程等措施治理砷污染农产品产地土壤。定期监测修复后的砷污染场地、农产品产地土壤等；加强对砷含量超标的地表水或地下水灌溉农产品产地、修复后的植物处置等方面的监管。 • 未受砷污染的农产品产地，严格控制外源砷污染；受砷污染的农产品产地，实行分级管理。农产品中砷含量不超过国家相关标准要求的农产品产地，合理利用；农产品中砷含量超过国家相关标准的农产品产地，调整种植结构，必要时，按国家相关规定，划定农产品禁止生产区
鼓励研发的新技术	• 低能耗、高效率、环境友好的涉砷项目新工艺及装备；综合回收含砷低品位矿、尾矿和含砷贵金属资源中有价元素的先进技术及装备。 • 含砷烟气和含砷化氢气体的高效收集除砷技术及装备；粒径在 0.1 μm 以下含砷超细烟尘的高效收集技术及装备；高效、经济可行的含砷废水分级处理与回用技术及装备；含砷污泥、高砷烟尘等固体废物中砷生成臭葱石等的固化/稳定化技术及装备；含砷废水中砷高度富集、富集后的固体废物安全贮存技术。 • 砷污染土壤、水环境治理与修复技术及装备；污染地下水中砷的阻隔拦截与深度净化技术及装备；废气中砷等污染物在线监测技术和设备。 • 玻璃行业、木材防腐行业和农业环境友好的含砷制剂替代产品。 • 新用途、环境友好的含砷新产品

表 4-3 《汞污染防治技术政策》相关要求

项目	要求
行业	该技术政策所称的涉汞行业主要指原生汞生产，用汞工艺（主要指电石法聚氯乙烯生产），添汞产品生产（主要指含汞电光源、含汞电池、含汞体温计、含汞血压计、含汞化学试剂），以及燃煤电厂与燃煤工业锅炉、铜铅锌及黄金冶炼、钢铁冶炼、水泥生产、殡葬、废物焚烧与含汞废物处理处置等无意汞排放的工业过程
一般要求	• 含汞物料的运输、贮存和备料等过程应采取密闭、防雨、防渗或其他防漏散措施。 • 除原生汞生产以外的其他涉汞行业应使用低汞、固汞、无汞原辅材料，并逐步替代高汞及含汞原辅材料的使用。 • 涉汞行业应对原辅材料中的汞进行检测和控制，加强汞元素的物料平衡管理，保持生产过程稳定。 • 用汞工艺和添汞产品生产过程应采用负压或密闭措施，加强管理和控制，减少汞污染物的产生和排放。 • 涉汞企业生产及含汞废物处置过程中，对于初期雨水及生产性废水应采取分质分类处理，确保处理后达标排放或循环利用。 • 废弃含汞产品及含汞废料等应收集、回收利用或安全处理处置
原生汞生产行业汞污染防治	• 原生汞生产应对汞及其他有价成分进行高效资源回收，加强生产过程中汞等重金属元素的物料控制，减少中间产品和各生产工序中汞等重金属的排放。 • 汞矿采选应采用重选、浮选单一或联合技术和工艺，严格控制尾矿渣中的汞含量。 • 按国家相关规定，淘汰铁锅和土灶、蒸馏罐、坩埚炉及简易冷凝收尘设施等落后炼汞方式。 • 汞矿采选过程产生的含汞粉尘应采用袋式除尘等高效除尘技术；冶炼过程产生的废气应采用硫酸软锰矿净化法、漂白粉净化法、多硫化钠净化法、碘络合法及酸洗脱汞法等污染控制技术。 • 汞矿采选与冶炼过程产生的含汞废水宜采用硫化法、中和沉淀法和活性炭吸附法等技术进行处理，处理后的废水应优先循环利用。 • 汞矿采选过程产生的废石和选矿渣应优先进行资源综合利用或采取矿坑回填的处理处置方式。 • 鼓励研发的新技术：提高汞尾矿利用率的新技术；尾矿、废石及废渣无害化处置技术；尾矿库复垦修复、矿山生态恢复及汞污染土壤修复技术

项目	要求
电石法聚氯乙烯生产行业汞污染防治	• 电石法聚氯乙烯生产应采用符合国家标准的低汞触媒，降低单位产品的汞消耗量。应采用高效汞污染控制技术，提高汞回收效率，减少汞排放。 • 氯乙烯合成转化工序应配备独立的含汞废水收集和处理设施，含汞废水应采用硫化法、吸附法等工艺进行处理；氯离子浓度较高的含汞废水鼓励采用膜法、离子交换树脂法等处理技术。 • 氯乙烯合成工序不达标的含汞废酸应采用盐酸深度脱析技术回收氯化氢，脱析后产生的含汞废液与含汞废碱液应送往独立的含汞废水处理系统进行处理；废汞触媒、含汞废活性炭、含汞污泥等含汞废物应按危险废物管理要求进行回收和安全处置。 • 鼓励研发的新技术：高效低汞触媒（汞含量低于 4%）和无汞触媒；无汞催化技术及工艺设备；大型氯乙烯流化床反应器及配套分子筛固汞触媒；高效汞回收技术；高效低成本含汞废水综合治理技术
添汞产品生产行业汞污染防治	• 含汞电光源生产过程中产生的含汞废气宜采用活性炭吸附、催化吸附-高锰酸钾溶液吸收等处理技术；含汞废水宜采用化学沉淀法、吸附法等处理技术。 • 含汞电池生产过程中产生的含汞废气宜采用活性炭吸附等处理技术；含汞废水宜采用电解法、沉淀法或微电解-混凝沉淀法等处理技术。 • 含汞体温计、含汞血压计和含汞化学试剂生产过程中产生的含汞废气宜采用活性炭吸附等处理技术，含汞废水宜采用化学沉淀法、吸附法等处理技术。 • 注汞后破碎的灯管、封口或高温加热时截断的废玻璃管和不合格产品、含汞废水和含汞废气处理时产生的泥渣或含汞活性炭等，宜采用焙烧、冷凝等技术进行回收处理，或交具有相应能力的持危险废物经营许可证单位进行处置。 • 鼓励研发的新技术：低汞、无汞及汞回收利用技术；固汞替代液汞技术；全自动注汞技术及装备
燃煤电厂与燃煤工业锅炉汞污染防治	• 燃煤电厂与燃煤工业锅炉应使用低汞燃料煤，或采用洗煤、配煤等脱汞预处理技术，减少燃料中的汞含量。采用煤炭改性以及使用煤炭添加剂，合理提高氯、溴等卤族元素含量，提高燃烧过程中汞的转化效率。 • 燃煤电厂与燃煤工业锅炉应采用高效燃烧技术，实施燃烧过程控制，减少汞污染排放。 • 应采用脱硫、除尘、脱硝协同脱汞技术。应对脱汞副产物进行稳定化、无害化处理，对粉煤灰和脱硫石膏进行安全处置。 • 鼓励研发的新技术：汞吸附剂、煤中添加卤化物喷入技术；低温等离子体除汞技术；硫、硝、汞协同脱除多功能催化剂；硫、硝、汞等多种污染物一体化高效脱除技术及装备；汞等重金属快速及在线监测技术和设备；高效汞污染物脱除技术

项目	要求
铜铅锌及黄金冶炼行业汞污染防治	• 铜铅锌冶炼过程产生的含汞废气宜采用波立顿脱汞法、碘络合-电解法、硫化钠-氯络合法和直接冷凝法等烟气脱汞工艺。宜采用袋式除尘、电袋复合除尘和湿法脱硫、制酸等烟气净化协同脱汞技术。 • 金矿焙烧过程应加强对高温静电除尘器等烟气处理设施的运行管理，提高协同脱汞效果。 • 烟气净化过程产生的废水、冷凝器密封用水和工艺冷却水宜采用化学沉淀法、吸附法和膜分离法等组合处理工艺。 • 冶炼渣和烟气除尘灰应采用密闭蒸馏或高温焙烧等方法回收汞，烟气净化处理后的残余物属于危险废物的应交具有相应能力的持危险废物经营许可证单位进行处置。 • 降低硫酸中的汞含量宜采用硫化物除汞、硫代硫酸钠除汞及热浓硫酸除汞等技术。 • 严格执行副产品硫酸含汞量的限值标准，加强对进入硫酸蒸汽以及其他含汞废物中汞的跟踪管理。 • 鼓励研发的新技术：硫酸洗涤法、硒过滤器等脱汞工艺；脱汞功能材料及脱汞工艺；含汞等重金属废水深度及协同处理技术；含汞废水膜分离、树脂分离或生物分离的成套技术和组合装置；铜铅锌及黄金冶炼过程汞污染自动控制技术与装置
钢铁冶炼行业汞污染防治	• 含汞废气应采用袋式除尘、电除尘或电袋复合除尘技术和脱硫技术协同脱除烟气中的汞。 • 含汞废水宜采用化学沉淀法、吸附法、电化学法和膜分离法等组合处理工艺。 • 鼓励研发的新技术：硫、硝、汞等污染物协同脱除技术；冶炼烟尘、冶炼渣和含汞污泥的资源化利用技术；活性炭等功能材料吸附除汞技术
水泥生产行业汞污染防治	• 新型干法水泥生产工艺应提高水泥回转窑窑尾废气与生料粉磨烘干的同步运转率，并加强生料粉磨停运时汞排放控制技术措施，减少水泥窑废气汞排放。 • 鼓励采用低汞原燃料替代、低汞混合材料掺用等技术的应用。 • 应采用袋式除尘、电袋复合除尘等高效除尘协同脱汞技术。 • 应加强对水泥窑协同处置固体废物运行的动态管理，依据固体废物组分及汞含量采取合理的处置速率，保证汞等重金属排放达标。 • 鼓励研发的新技术：水泥窑废气汞等污染物协同脱除技术
殡葬行业汞污染防治	• 殡葬行业宜采用活性炭喷射等技术去除烟气中的汞。 • 鼓励研发的新技术：烟气中汞、二噁英等污染物高效协同净化技术；新型多功能汞吸附材料

项目	要求
废物焚烧与含汞废物处理处置过程汞污染防治	• 含汞废物应委托有危险废物经营许可资质的单位进行无害化处理处置。 • 危险废物（含医疗废物）、生活垃圾等废物焚烧应采用高效袋式除尘和活性炭吸附脱汞等技术。 • 废汞触媒宜采用火法冶炼、化学活化或控氧干馏等技术进行回收处理。 • 废荧光灯应采用高温气化法、湿法等技术进行回收处理。 • 含汞废电池处理处置宜采用火法处理、湿法处理、火法湿法联合处理、真空热处理或安全填埋等技术。 • 鼓励烟气除尘灰及废水处理产生的含汞污泥采用氧化溶出法或氯化-硫化-焙烧法等汞回收处理技术。处理后的残渣和飞灰宜加入汞固定剂和水泥砂浆固化处理后安全填埋。 • 鼓励研发的新技术：含汞废物高效汞回收技术及装备；低温等离子体、新型功能材料等含汞废气净化及资源回收技术；含汞废物安全收集、贮存、运输的技术及装备

4.3 汞污染防治国际公约

第十二届全国人民代表大会常务委员会第二十次会议批准《关于汞的水俣公约》（以下简称《汞公约》）。《汞公约》自 2017 年 8 月 16 日起对我国正式生效（专栏 4-1）。《汞公约》的生效，推动了我国开展汞的生产、使用（添汞产品、用汞工艺）、废弃处置及无意排放等全生命周期、全过程环境管理的进程。

日本也是《汞公约》缔约国之一，为了切实并顺利地履行公约，日本在第 189 届国会（2015 年通常国会）上修订了《大气污染防治法》。根据该法，针对汞排放设施，无论新旧，从 2018 年 4 月 1 日开始，针对公约附件 D 中规定的煤炭火力发电站等各类点源类别，实施基于“符合可使用的最佳技术的排放限值”的排放规定（表 4-4）。

表 4-4 日本废气排放标准汞的限值（标态）新旧对比

类别	设施		原限值/（μg/m^3）	新限值（μg/m^3）
燃煤电厂，燃煤工业锅炉	燃煤锅炉 大型掺烧型燃煤锅炉		10	8
	小型掺烧型燃煤锅炉		15	10
用于生产有色金属的冶炼和焙烧工艺（铜、铅、锌和工业用金）	初级冶炼	铜或工业用金	30	15
		铅或锌	50	30
	二次冶炼	铜、铅或锌	400	100
		工业用金	50	30
废物焚烧设施	废物焚烧 （生活垃圾、工业固体废物、污泥等）		50	30
	含汞污泥焚烧		100	50
水泥熟料生产设施	水泥生产煅烧炉		80	50

专栏 4-1 《关于汞的水俣公约》生效公告

（环境保护部公告 2017 年 第 38 号）

2016 年 4 月 28 日，第十二届全国人民代表大会常务委员会第二十次会议批准《关于汞的水俣公约》（以下简称《汞公约》）。《汞公约》将自 2017 年 8 月 16 日起对我国正式生效。

为贯彻落实《汞公约》，现就有关事项公告如下：

一、自 2017 年 8 月 16 日起，禁止开采新的原生汞矿，各地国土资源主管部门停止颁发新的汞矿勘查许可证和采矿许可证。2032 年 8 月 16 日起，全面禁止原生汞矿开采。

二、自2017年8月16日起，禁止新建的乙醛、氯乙烯单体、聚氨酯的生产工艺使用汞、汞化合物作为催化剂或使用含汞催化剂；禁止新建的甲醇钠、甲醇钾、乙醇钠、乙醇钾的生产工艺使用汞或汞化合物。2020年氯乙烯单体生产工艺单位产品用汞量较2010年减少50%。

三、禁止使用汞或汞化合物生产氯碱（特指烧碱）。自2019年1月1日起，禁止使用汞或汞化合物作为催化剂生产乙醛。自2027年8月16日起，禁止使用含汞催化剂生产聚氨酯，禁止使用汞或汞化合物生产甲醇钠、甲醇钾、乙醇钠、乙醇钾。

四、禁止生产含汞开关和继电器。自2021年1月1日起，禁止进出口含汞开关和继电器（不包括每个电桥、开关或继电器的最高含汞量为20 mg 的极高精确度电容和损耗测量电桥及用于监控仪器的高频射频开关和继电器）。

五、禁止生产汞制剂（高毒农药产品）、含汞电池（氧化汞原电池及电池组、锌汞电池、含汞量高于0.000 1%的圆柱形碱锰电池、含汞量高于0.000 5%的扣式碱锰电池）。自2021年1月1日起，禁止生产和进出口附件中所列含汞产品（含汞体温计和含汞血压计的生产除外）。自2026年1月1日起，禁止生产含汞体温计和含汞血压计。

六、有关含汞产品将由商务部会同有关部门纳入禁止进出口商品目录，并依法公布。

七、自2017年8月16日起，进口、出口汞应符合《汞公约》及我国有毒化学品进出口有关管理要求。

八、各级环境保护、发展改革、工业和信息化、国土资源、住房城乡建设、农业、商务、卫生计生、海关、质检、安全监管、食品药品监管、能源等部门，应按照国家有关法律法规规定，加强对汞的生产、使用、进出口、排放和释放等的监督管理，并按照《汞公约》履约时间进度要求开展核查，一旦发现违反本公告的行为，将依法查处。

4.4 重金属元素监测方法标准

我国在水、大气、土壤及固体废物方面均制定了铅、汞、镉、铬、砷等 5 种重金属元素监测方法标准。通过梳理，目前现行的共有 70 余种重金属元素监测方法标准，常见的方法包括双硫腙分光光度法、原子吸收分光光度法、原子荧光光度法、火焰原子吸收分光光度法、电感耦合等离子体质谱法等，其中水中重金属元素测定方法标准最多（见附件 6）。在线监测方法标准方面，铅、汞、镉、铬、砷等 5 种重金属元素均制定了水质自动在线监测仪技术要求及检测方法，目前尚无大气重金属自动在线监测标准规范。

4.5 重金属污染诊疗指南

重金属污染可能对人体健康造成损害，涉及神经、消化、血液、泌尿等多个系统。为进一步做好重金属污染潜在高风险人群和中毒人群的相关诊疗工作，切实维护人民群众的健康权益，2010 年，卫生部印发了《重金属污染诊疗指南（试行）》，以指导、规范和促进重金属污染相关诊疗工作。对铅、镉、砷、铬、汞等重金属中毒的诊断标准进行了明确（表 4-5）。

表 4-5 重金属中毒诊断标准

中毒类型	中毒级别	表现
成人慢性铅中毒诊断标准	轻度中毒	血铅≥2.9 μmol/L（600 μg/L）或尿铅≥0.58 μmol/L（120 μg/L），且具有下列一项表现者： （1）尿 δ-氨基-γ-酮戊酸≥61.0 μmol/L（8 000 μg/L）者； （2）血红细胞游离原卟啉（EP）≥3.56 μmol/L（2 000 μg/L）； （3）红细胞锌原卟啉（ZPP）≥2.91 μmol/L（13.0 μg/g Hb）； （4）有腹部隐痛、腹胀、便秘等症状

中毒类型	中毒级别	表现
成人慢性铅中毒诊断标准	轻度中毒	如诊断性驱铅试验，尿铅≥3.86 μmol/L（800 μg/L）或4.82 μmol/24 h（1 000 μg/24 h）者，也可诊断为轻度铅中毒
	中度中毒	在轻度中毒的基础上，具有下列一项表现者： （1）腹绞痛； （2）贫血； （3）轻度中毒性周围神经病
	重度中毒	具有下列表现之一者： （1）铅麻痹； （2）中毒性脑病
儿童铅中毒诊断标准	轻度铅中毒	血铅水平为200～249 mg/L
	中度铅中毒	血铅水平为250～449 mg/L
	重度铅中毒	血铅水平等于或高于450 mg/L
	儿童铅中毒可伴有某些非特异的临床症状，如腹隐痛、便秘、贫血、多动、易冲动等；血铅等于或高于700 mg/L时，可伴有昏迷、惊厥等铅中毒脑病表现	
镉中毒诊断标准	慢性轻度中毒	有明确镉污染区域内生活接触史，复查和专项体检尿镉≥5 μmol/mol肌酐（5 μg/g肌酐），并有头晕、乏力、嗅觉障碍、腰背及肢体痛等症状，实验室检查发现有以下任何一项改变时，可诊断为慢性镉中毒： （1）尿β_2-微球蛋白含量在9.6 μmol/mol肌酐（1 000 μg/g肌酐）以上； （2）尿视黄醇结合蛋白含量在5.1 μmol/mol肌酐（1 000 μg/g肌酐）以上
	慢性重度中毒	除慢性轻度中毒的表现外，出现慢性肾功能不全，可伴有骨质疏松症、骨质软化症
砷中毒诊断标准	亚急性砷中毒诊断标准	（1）有明确砷污染区域内生活接触史； （2）复查和专项体检发砷或尿砷超过当地正常参考值； （3）出现以消化系统、周围神经系统损害为主的临床表现； （4）排除其他原因引起的消化系统、周围神经系统疾病
	慢性砷中毒诊断标准 慢性轻度中毒	有明确砷污染区域内生活接触史，具有头痛、头晕、失眠、多梦、乏力、消化不良、消瘦、肝区不适等症状，复查和专项体检发砷或尿砷超过当地正常参考值，并具有下列情况之一者： （1）皮肤角化过度，尤在掌跖部位出现疣状过度角化； （2）非暴露部位如躯干部及四肢出现弥漫的黑色或棕褐色的色素沉着和色素脱失斑； （3）轻度肝脏损伤； （4）轻度周围神经病

中毒类型	中毒级别		表现
砷中毒诊断标准	慢性砷中毒诊断标准	慢性重度中毒	在慢性轻度中毒的基础上，具有下列表现之一者： （1）肝硬化； （2）周围神经病伴肢体运动障碍或肢体瘫痪； （3）皮肤癌
铬中毒诊断标准	目前国内尚无环境污染引起铬中毒的相关资料，铬中毒诊断标准待定		
汞中毒诊断标准	慢性轻度中毒		有明确的汞污染区域内生活接触史，复查和专项体检尿汞＞2.25 μmol/mol 肌酐（4 μg/g 肌酐），具有下列任何三项者，可诊断慢性汞中毒： （1）神经衰弱综合征； （2）口腔-牙龈炎； （3）手指震颤，可伴有舌、眼睑震颤； （4）近端肾小管功能障碍，如尿低分子蛋白含量增高； （5）尿汞增高［≥20 μmol/mol 肌酐（35 μg/g 肌酐）］
	慢性中度中毒		在轻度中毒基础上，具有下列一项者： （1）性格情绪改变； （2）上肢粗大震颤； （3）明显肾脏损害
	慢性重度中毒		慢性中毒性脑病

5

涉重金属行业环境管理政策进展

依据重金属污染物的产生量和排放量，涉重金属重点行业包括重有色金属矿（含伴生矿）采选业（铜、铅、锌、镍、钴、锡、锑和汞矿采选业等）、重有色金属冶炼业（铜、铅、锌、镍、钴、锡、锑和汞冶炼业等）、铅蓄电池制造业、皮革及其制品业（皮革鞣制加工业等）、化学原料及化学制品制造业（电石法聚氯乙烯行业、铬盐行业等）、电镀行业等六类。重点行业的环境管理政策类型可分为产业政策、清洁生产政策、固定污染源管理政策、技术规范指南、综合管理政策、生产者责任延伸政策等。

5.1 重有色金属矿采选业及冶炼业

有色金属是国民经济发展的基础材料，航空、航天、汽车、机械制造、电力、通信、建筑、家电等大量行业都以有色金属材料为生产基础。

5.1.1 铅、锌工业

铅、锌工业包括铅、锌矿采选业和铅、锌冶炼业，含铅、锌的二次资源作为原料提炼金属的也属于铅、锌冶炼业。我国是全球最大的铅、锌生产国与消费国，2018 年，全球精炼铅消费量 1 173.4 万 t，我国精炼铅消费量 497.4 万 t，占全球消费总量的 42.4%；我国精炼铅产量 482.5 万 t，占全球总产量的 41.5%；我国铅精矿产量 207.8 万 t，占全球总产量的 44.6%。2018 年，全球精炼锌消费量 1 366.3 万 t，我国精炼锌消费量 649.0 万 t，占全球消费总量的 47.5%；我国精炼锌产量 573 万 t，占全球总产量的 43.2%；我国锌精矿产量 442 万 t，占全球总产量的 34.3%。铅、锌工业环境管理政策进展情况有以下几个方面（表 5-1）。

（1）鼓励有条件的企业提高自动化水平

《产业结构调整指导目录（2011 年本）》和《产业结构调整指导目录（2019 年本）》均将烧结-鼓风炉炼铅工艺，利用坩埚炉熔炼再生铝合金、再生铅的工艺及设备，1 万 t/a 以下的再生铝、再生铅项目等列为淘汰类的工艺或设备。2015 年，工业和信息化部将《铅、锌行业准入条件（2007）》修订为《铅、锌行业规范条件（2015）》，降低了单系列锌冶炼企业生产能力要求；提高了对单体矿山生产能力的要求；增加了产品质量要求，铅、锌矿山自动化水平要求和废渣处置要求；在铅冶炼工艺方面，将先进工艺从富氧底吹强化熔池熔炼或者富氧顶吹强化熔炼工艺调整为富氧熔池熔炼-液态高铅渣直接还原或一步炼铅工艺。《禁止用地项目目录（2012 年本）》规定了禁止新建单系列规模在 10 万 t/a 以下的锌冶炼项目（直接浸出除外）、铅冶炼项目（单系列规模为 5 万 t/a 及以上、不新增产能的技改和环保改造项目除外）和单系列生产能力为 5 万 t/a 及以下、改扩建单系列生产能力为 2 万 t/a 及以下，以及资源利用、能源消耗、环境保护等指标达不到行业准入条件要求的再生铅项目。2016 年，工业和信息化部发布了《再生铅行业规范条件》，从企业布局、生产能力、不符合准入条件的建设项目、工艺与装备、环境保护、职业卫生与安全生产、节能与回收利用、监督管理等方面对再生铅行业进行了规定。根据《产业发展与转移指导目录（2018 年本）》，铅、锌冶炼在天津、河北、上海、浙江（国家定点的废旧电池回收处理除外）、广东、宁夏、甘肃（临夏州）、湖北（仅铅冶炼）、四川（绵阳市）、河南（仅锌冶炼）等省（区、市）属于引导逐步调整退出的产业；在海南省属于不再承接的产业。

（2）陆续出台推动铅、锌工业企业实施清洁生产改造的相关清洁生产标准、行动计划、清洁生产评价指标体系等

2009 年，环境保护部发布《清洁生产标准 废铅酸蓄电池铅回收业》《清洁生产标准 粗铅冶炼业》《清洁生产标准 铅电解业》等 3 个清洁生产标准，为废铅酸蓄电池回收、粗铅冶炼、铅电解等行业企业开展清洁生产提供技术政策支持。为加快实施汞削减、铅削减和高毒农药替代等清洁生产重点工程，从源头削减汞、铅和高毒农药等高风险污染物排放，2014 年，工业和信息化部等联合发布《高风险污染物削减行动计划》，推广铅冶炼业的氧气底吹-液态高铅渣直接还原工艺，以及铅、锌冶炼废水分质回用集成和再生铅行业的预处理破碎分选、铅膏预脱硫、低温连续熔炼，废铅酸蓄电池全循环高效利用，非冶炼废铅酸电池全循环再生等技术。2015—2019 年，国家发展改革委、环境保护部①、工业和信息化部联合发布了《铅、锌采选业清洁生产评价指标体系》《再生铅行业清洁生产评价指标体系》《锌冶炼业清洁生产评价指标体系》，为铅、锌采选、再生铅、再生锌冶炼等行业企业实施清洁生产提供了技术指导与评价标准。

（3）首次发布实施有关铅、锌工业污染物排放标准、排污许可证申请与核发技术规范、排污单位自行监测技术指南、污染源源强核算技术指南

2010 年，环境保护部首次发布了《铅、锌工业污染物排放标准》

① 2018 年 3 月环境保护部更名为生态环境部。

（GB 25466—2010），该标准自 2010 年 10 月 1 日起执行，不再执行《污水综合排放标准》（GB 8978—1996）、《大气污染物综合排放标准》（GB 16297—1996）和《工业炉窑大气污染物排放标准》（GB 9078—1996）中的相关规定。为落实国务院批复的《重点区域大气污染防治“十二五”规划》的相关要求，保护和改善生态环境，保障人体健康，环境保护部于 2013 年发布了《铅、锌工业污染物排放标准》（GB 25466—2010）修改单，在标准中增加大气污染物特别排放限值和氮氧化物浓度测定的方法。2015 年，环境保护部首次发布了《再生铜、铝、铅、锌工业污染物排放标准》（GB 31574—2015），再生有色金属（铜、铝、铅、锌）新建企业自 2015 年 7 月 1 日起执行，现有企业自 2017 年 1 月 1 日起执行，不再执行《污水综合排放标准》（GB 8978—1996）、《大气污染物综合排放标准》（GB 16297—1996）和《工业炉窑大气污染物排放标准》（GB 9078—1996）中的相关规定。2017—2018 年，环境保护部相继发布《排污许可证申请与核发技术规范　有色金属工业——铅、锌冶炼》（HJ 863.1—2017）、《排污许可证申请与核发技术规范　有色金属工业——再生金属》（HJ 863.4—2018），规定了以铅精矿、锌精矿或铅、锌混合精矿为主要原料的铅、锌冶炼企业和再生铅、再生锌冶炼企业主要排放口和许可排放量。按照《固定污染源排污许可分类管理名录（2017 年版）》规定，铅、锌冶炼企业在 2017 年内申请排污许可证，再生铅、再生锌冶炼企业在 2018 年内申请排污许可证。2018 年，生态环境部发布《排污单位自行监测技术指南　有色金属工业》（HJ 989—2018），对有色金属（铝、铅、锌、铜、镍、钴、镁、钛、锡、锑、汞）冶炼企业废水、废气（包括有组织废气和无组织废气）监测点位、指标及最低监测频次等提出了要求。同年，生态环境部发布《污染源源强核算技术指南　有色金属冶炼》（HJ 983—2018），规定了有色金属（铝、铅、锌、铜、镍、钴、镁、钛、锡、锑、汞）冶炼业废气、废水、噪声、固体废物源强核算的基本原则、内容、方法及要求。

（4）出台铅冶炼、再生铅冶炼相关行业技术规范指南

2011 年，环境保护部发布了《铅冶炼污染防治最佳可行技术指南（试行）》（HJ-BAT-7），对以铅精矿、铅锌混合精矿为主要原料的铅冶炼企业的水、气、声、渣污染来源，产排污节点，以及不同生产工艺优缺点、不同末端处理工艺的适用范围进行了详尽的介绍，并提供了污染防治最佳可行技术。2015 年，环境保护部发布了《铅冶炼废气治理工程技术规范》（HJ 2049—2015）和《再生铅冶炼污染防治可行性技术指南》，前者规定了铅冶炼废气治理工程的设计、施工、验收、运行和维护的技术要求，后者为再生铅冶炼行业企业的废气、废水、固体废物污染防治技术进步提供了可行技术指导。

（5）坚持问题导向，逐步提高要求

为应对铅蓄电池及再生铅行业引发的铅污染事件呈高发态势的局面，2011 年环境保护部印发了《关于加强铅蓄电池及再生铅行业污染防治工作的通知》，提出对新、改、扩建铅蓄电池企业或再生铅企业严格环境准入，对现有铅蓄电池企业或再生铅企业进行规范整顿，确保污染物稳定达标排放，同时加大执法力度，采取严格措施整治违法企业。2012 年，为防治环境污染，促进铅、锌冶炼（包括再生铅、再生锌）工业生产工艺和污染治理技术的进步，环境保护部印发《铅、锌冶炼工业污染防治技术政策》，对铅、锌冶炼企业污染防治提供技术指引。2013 年，工业和信息化部等 5 部委联合发布的《关于促进铅酸蓄电池和再生铅行业规范发展的意见》（工信部联节〔2013〕92 号），提出“到 2015 年，废铅酸蓄电池的回收和综合利用率达到 90%以上，铅循环再生比重超过 50%，推动形成全国铅资源循环利用体系”。

表 5-1 铅、锌工业环境管理相关政策一览表

政策名称	时间	发文部门与文号	规定	政策类型
禁止用地项目目录（2012年本）	2012 年	国土资源部、国家发展改革委（国土资发〔2012〕98 号）	规模较小的锌冶炼企业（10 万 t/a 及以下）、铅冶炼企业（5 万 t/a 及以下）、再生铅企业（5 万 t/a 及以下）禁止用地	产业政策
产业结构调整指导目录（2011年本）	2011 年	国家发展改革委令 第 9 号	• 鼓励类：废旧铅酸蓄电池资源化无害化回收。 • 限制类：规模较小的锌冶炼企业（10 万 t/a 及以下）、铅冶炼企业（5 万 t/a 及以下）、再生铅企业（5 万 t/a 及以下）。 • 淘汰类：简易冷凝收尘设施，烧结锅、烧结盘、简易高炉、烧结机等设备，1 万 t/a 以下的再生铅项目	产业政策
产业结构调整指导目录（2019年本）	2019 年	国家发展改革委令 第 29 号	• 限制类：规模较小的锌冶炼企业（10 万 t/a 及以下）、铅冶炼企业（5 万 t/a 及以下）、再生铅企业（5 万 t/a 及以下）。 • 淘汰类：简易冷凝设施、马弗炉、马槽炉、横罐、小竖罐、烧结锅、烧结盘、简易高炉、烧结机等设备，1 万 t/a 以下的再生铅项目	产业政策
产业发展与转移指导目录（2018年本）	2018 年	工业和信息化部公告 2018 年第 66 号	铅锌冶炼在天津、河北、上海、浙江（国家定点的废旧电池回收处理除外）、广东、宁夏、甘肃（临夏州）、湖北（仅铅冶炼）、四川（绵阳市）、河南（仅锌冶炼）等省（区、市）属于引导逐步调整退出的产业；在海南省属于不再承接的产业	产业政策

政策名称	时间	发文部门与文号	规定	政策类型
铅、锌行业规范条件	2015年	工业和信息化部公告2015年第20号	• 企业布局：严禁在风景名胜区、自然保护区、饮用水水源保护区等敏感区域建设。 • 生产能力：铅、锌矿山，小型单体矿规模>10万t/a，中型单体矿规模>30万t/a；火法炼锌，新建企业规模>1.5万t金属锌/a，现有企业规模>1万t金属锌/a；湿法炼锌，新建企业规模>5万t金属锌/a，现有企业规模>3万t金属锌/a。 • 工艺装备：粗铅冶炼须采用富氧熔池熔炼-液态高铅渣直接还原或一步炼铅工艺；铅、锌冶炼企业冶炼烟气需配套双转双吸或其他先进制酸工艺，并配备尾气脱硫系统、余热回收系统以及环境集烟系统	产业政策
再生铅行业规范条件	2016年	工业和信息化部公告2016年第60号	• 企业布局：严禁在敏感区域（人群聚集区）1 km之内建设。 • 生产能力：废铅蓄电池预处理项目规模>10万t/a，预处理-熔炼项目再生铅规模>6万t/a。 • 工艺与装备：含酸液的废铅蓄电池须整只回收、废铅蓄电池破损率不能超过5%；应采用自动化破碎分选工艺和装备处置废铅蓄电池，禁止对废铅蓄电池进行人工拆解、露天环境下破碎作业，严禁直接排放废铅蓄电池中的废酸液	产业政策
清洁生产标准 粗铅冶炼业（HJ 512—2009）	2009年	环境保护部	将粗铅冶炼业清洁生产指标分为生产工艺与装备要求、资源能源利用指标、产品指标、污染物产生指标（末端处理前）、废物回收利用指标和环境管理要求等六类	清洁生产政策

政策名称	时间	发文部门与文号	规定	政策类型
清洁生产标准 铅电解业（HJ 513—2009）	2009 年	环境保护部	将铅电解行业清洁生产指标分为生产工艺与装备要求、资源能源利用指标、产品指标、污染物产生指标（末端处理前）、废物回收利用指标和环境管理要求等六类	清洁生产政策
清洁生产标准 废铅酸蓄电池铅回收业（HJ 510—2009）	2009 年	环境保护部	将废铅酸蓄电池铅回收业清洁生产指标分为生产工艺与装备要求、资源能源利用指标、产品指标、污染物产生指标（末端处理前）、废物回收利用指标和环境管理要求等六类	清洁生产政策
高风险污染物削减行动计划	2014 年	工业和信息化部、财政部（工信部联节〔2014〕168 号）	铅冶炼业重点推广氧气底吹-液态高铅渣直接还原铅冶炼、铅锌冶炼废水分质回用集成等技术；再生铅重点推广预处理破碎分选、铅膏预脱硫、低温连续熔炼，废铅酸蓄电池全循环高效利用，非冶炼废铅酸电池全循环再生等技术	清洁生产政策
铅、锌采选业清洁生产评价指标体系	2015 年	国家发展改革委、环境保护部、工业和信息化部公告 2015 年第 25 号	将铅、锌采选业清洁生产指标分为生产工艺及设备要求、资源和能源消耗指标、资源综合利用指标、产品特征指标、污染物产生（控制）指标和清洁生产管理指标等六类	清洁生产政策
再生铅行业清洁生产评价指标体系	2015 年	国家发展改革委、环境保护部、工业和信息化部公告 2015 年第 36 号	将再生铅业清洁生产指标分为生产工艺及设备要求、资源和能源消耗指标、资源综合利用指标、产品特征指标、污染物产生（控制）指标和清洁生产管理指标等六类	清洁生产政策
锌冶炼业清洁生产评价指标体系	2019 年	国家发展改革委、生态环境部、工业和信息化部公告 2019 年第 8 号	将锌冶炼（不含再生锌）业清洁生产指标分为生产工艺及设备要求、资源和能源消耗指标、资源综合利用指标、产品特征指标、污染物产生（控制）指标和清洁生产管理指标等六类	清洁生产政策

政策名称	时间	发文部门与文号	规定	政策类型
铅、锌工业污染物排放标准（GB 25466—2010）	2010 年	环境保护部	规定了铅、锌工业（不适用于再生铅、锌企业）生产过程中水污染物和大气污染物排放限值、监测和监控要求，以及标准的实施与监督等内容	固定污染源管理政策
再生铜、铝、铅、锌工业污染物排放标准（GB 31574—2015）	2015 年	环境保护部	规定了再生有色金属（铜、铝、铅、锌）工业企业生产过程中水污染物和大气污染物排放限值、监测和监控要求，以及标准的实施与监督等内容	固定污染源管理政策
排污许可证申请与核发技术规范 有色金属工业——铅、锌冶炼（HJ 863.1—2017）	2017 年	环境保护部	规定了铅、锌冶炼行业排污单位基本情况填报要求、许可排放限值、实际排放量核算和合规判定的方法，以及自行监测、环境管理台账与排污许可证执行报告编制等环境管理要求	固定污染源管理政策
排污许可证申请与核发技术规范 有色金属工业——再生金属（HJ 863.4—2018）	2018 年	生态环境部	规定了再生铜、再生铝、再生铅、再生锌行业排污单位基本情况填报要求、许可排放限值、实际排放量核算和合规判定的方法，以及自行监测、环境管理台账与排污许可证执行报告编制等环境管理要求	固定污染源管理政策
排污单位自行监测技术指南　有色金属工业（HJ 989—2018）	2018 年	生态环境部	提出了有色金属（铝、铅、锌、铜、镍、钴、镁、钛、锡、锑、汞）工业冶炼排污单位自行监测的一般要求以及监测方案制定、信息记录和报告的基本内容及要求	固定污染源管理政策

政策名称	时间	发文部门与文号	规定	政策类型
污染源源强核算技术指南 有色金属冶炼（HJ 983—2018）	2018年	生态环境部	规定了有色金属冶炼业源强核算程序，废水、废气、噪声、固体废物源强核算方法	固定污染源管理政策
铅冶炼污染防治最佳可行技术指南（试行）（HJ-BAT-7）	2011年	环境保护部	指南可作为铅冶炼项目环境影响评价、工程设计、工程验收以及运营管理等环节的技术依据，是供各级环境保护部门、规划和设计单位以及用户使用的指导性技术文件	技术规范指南
铅冶炼废气治理工程技术规范（HJ 2049—2015）	2015年	环境保护部	规定了铅冶炼废气治理工程设计、施工、验收、运行和维护的技术要求	技术规范指南
再生铅冶炼污染防治可行技术指南	2015年	环境保护部公告2015年第11号	提出了再生铅冶炼污染预防与污染治理的可行技术	技术规范指南
关于开展铅蓄电池和再生铅企业环保核查工作的通知	2012年	环境保护部（环办函〔2012〕325号）	对铅蓄电池及再生铅行业进行严格整顿	综合管理政策
铅、锌冶炼工业污染防治技术政策	2012年	环境保护部公告2012年第18号	对铅、锌、再生铅、再生锌冶炼的固体废物利用率、废水回用率及生产工艺设备、末端治理工艺技术等都做了具体要求	综合管理政策
铅蓄电池生产企业集中收集和跨区域转运制度试点工作方案	2019年	生态环境部、交通运输部（环办固体〔2019〕5号）	试点内容包括建立铅蓄电池生产企业集中收集模式、规范废铅蓄电池转运管理要求、强化废铅蓄电池回收转运信息化监督管理	综合管理政策

5.1.2 铜、镍、钴工业

铜、镍、钴工业包括铜、镍、钴矿采选业和铜、镍、钴冶炼业，以及以含铜、镍、钴的二次资源作为原料提炼金属的冶炼业。目前我国是全球精炼铜产量最大的国家，精炼铜产量大约占全球总产量的 35%，同时我国也是全球精炼铜消费量最大的国家，消费量占全球消费总量的 48%左右。我国镍和钴的储量分别占全球储量的 3.4%、1.11%，2017 年全球镍、钴产量分别为 210 万 t、11.4 万 t，我国镍、钴消耗量均超过全球 50%，对外依存度分别超过 85%和 90%，镍、钴原料成为制约新能源汽车产业发展的瓶颈。铜、镍、钴工业环境管理政策进展情况有如下几个方面（表 5-2）。

（1）鼓励有条件的企业建立铜冶炼大数据平台，开展智能工厂建设

《产业结构调整指导目录（2011 年本）》和《产业结构调整指导目录（2019 年本）》均将鼓风炉、电炉、反射炉炼铜工艺及设备，无烟气治理措施的再生铜焚烧工艺及设备，50 t 以下传统固定式反射炉再生铜生产工艺及设备等列为淘汰类的工艺或设备。《铜冶炼行业规范条件（2019 年本）》较《铜冶炼行业规范条件（2014 年本）》，删除了对铜冶炼业生产能力的要求；在二次资源的铜冶炼工艺方面，将提倡的工艺从精炼摇炉工艺调整为富氧顶吹炉工艺和富氧底吹炉工艺；鼓励有条件企业，建立铜冶炼大数据平台，广泛应用自动化智能装备实现智能化管理、智能化调度、数字化点检和设备在线智能诊断，最终实现智能分析决策。《禁止用地项目目录（2012 年本）》规定了禁止新建单系列规模在 10 万 t/a 以下的粗铜冶炼项目。根据《产业发展与转移指导目录（2018 年本）》，铜冶炼在天津、河北、上海、浙江（杭州市富阳区除外）、广东、河南（再生铜除外）等省（市）属于引导逐步调整退出的产业；在海南省属

于不再承接的产业。镍冶炼在天津、河北、河南、上海、广东、安徽等省（市）属于引导逐步调整退出的产业；在海南省属于不再承接产业。

（2）陆续出台推动铜、镍、钴工业企业实施清洁生产改造的相关清洁生产标准、清洁生产评价指标体系等

2010 年环境保护部发布《清洁生产标准 铜冶炼业》《清洁生产标准 铜电解业》两个清洁生产标准，为铜冶炼（以硫化铜精矿为主要原料的火法冶炼）、铜电解等行业企业开展清洁生产提供技术支持和指导。2015 年，国家发展改革委、环境保护部、工业和信息化部联合发布了《镍、钴行业清洁生产评价指标体系》，为镍、钴采选、冶炼等行业企业实施清洁生产提供了技术指导与评价标准。

（3）首次发布实施有关铜、镍、钴工业的污染物排放标准、排污许可证申请与核发技术规范、排污单位自行监测技术指南、污染源源强核算技术指南

2010 年，环境保护部首次发布了《铜、镍、钴工业污染物排放标准》（GB 25467—2010），该标准自 2010 年 10 月 1 日起执行，不再执行《污水综合排放标准》（GB 8978—1996）、《大气污染物综合排放标准》（GB 16297—1996）和《工业炉窑大气污染物排放标准》（GB 9078—1996）中的相关规定。为落实国务院批复实施的《重点区域大气污染防治“十二五”规划》的相关要求、保护和改善生态环境、保障人体健康，环境保护部于 2013 年发布了《铜、镍、钴工业污染物排放标准》（GB 25467—2010）修改单，在标准中增加大气污染物特别排放限值和氮氧化物浓度测定的方法。2015 年，环境保护部首次发布了《再生铜、铝、铅、锌工业污染物排放标准》（GB 31574—2015），再生有色金属（铜、铝、铅、锌）新建企业自 2015 年 7 月 1 日起执行，现有企业自 2017 年 1 月 1 日起执行，不再执行《污水综合排放标准》（GB 8978—1996）、《大气污染物综合

排放标准》（GB 16297—1996）和《工业炉窑大气污染物排放标准》（GB 9078—1996）中的相关规定。2017—2018 年，环境保护部相继首次发布《排污许可证申请与核发技术规范　有色金属工业——铜冶炼》（HJ 863.3—2017）、《排污许可证申请与核发技术规范　有色金属工业——镍冶炼》（HJ 934—2017）、《排污许可证申请与核发技术规范　有色金属工业——钴冶炼》（HJ 937—2017）和《排污许可证申请与核发技术规范　有色金属工业——再生金属》（HJ 863.4—2018），规定了铜、镍、钴冶炼企业及再生铜冶炼企业主要排放口和许可排放量。按照《固定污染源排污许可分类管理名录（2017 年版）》规定，铜冶炼企业应在 2017 年内申请排污许可证，镍、钴及再生铜冶炼企业应在 2018 年内申请排污许可证。2018 年，生态环境部发布《排污单位自行监测技术指南　有色金属工业》（HJ 989—2018），对有色金属（铝、铅、锌、铜、镍、钴、镁、钛、锡、锑、汞）冶炼企业废水、废气（包括有组织废气和无组织废气）监测点位、指标及最低监测频次等提出了要求。同年，生态环境部发布《污染源源强核算技术指南　有色金属冶炼》（HJ 983—2018），规定了有色金属（铝、铅、锌、铜、镍、钴、镁、钛、锡、锑、汞）冶炼业废气、废水、噪声、固体废物源强核算的基本原则、内容、方法及要求。

（4）指导铜、镍、钴采选及冶炼企业提高污染防治技术水平

2015 年，环境保护部同时发布的《铜冶炼污染防治可行技术指南（试行）》《镍冶炼污染防治可行技术指南（试行）》《钴冶炼污染防治可行技术指南（试行）》对铜、镍、钴冶炼行业（包括再生冶炼）企业的废气、废水、固体废物污染防治技术进步提供了可行技术指导。2018 年，环境保护部发布的《铜、镍、钴采选废水治理工程技术规范》（HJ 2056—2018）规定了铜、镍、钴采选废水治理工程设计、施工、验收、运行和维护的技术要求。

表 5-2 铜、镍、钴工业环境管理相关政策一览表

政策名称	时间	发文部门与文号	规定	政策类型
禁止用地项目目录（2012年本）	2012年	国土资源部、国家发展改革委（国土资发〔2012〕98号）	单系列粗铜冶炼规模在10万t/a以下的项目禁止用地	产业政策
产业结构调整指导目录（2011年本）	2011年	国家发展改革委令 第9号	• 限制类：粗铜冶炼规模＜10万t/a。 • 淘汰类：鼓风炉、电炉、反射炉炼铜工艺及设备；50 t以下传统固定式反射炉及无烟气治理措施的再生铜焚烧工艺设备	产业政策
产业结构调整指导目录（2019年本）	2019年	国家发展改革委令 第29号	• 限制类：粗铜冶炼规模＜10万t/a。 • 淘汰类：鼓风炉、电炉、反射炉炼铜工艺及设备；50 t以下传统固定式反射炉及无烟气治理措施的再生铜焚烧工艺设备	产业政策
产业发展与转移指导目录（2018年本）	2018年	工业信息化部公告 2018年第66号	• 铜冶炼在天津、河北、上海、浙江（杭州市富阳区除外）、广东、河南（再生铜除外）等省（市）属于引导逐步调整退出的产业；在海南省属于不再承接的产业。 • 镍冶炼在天津、河北、河南、上海、广东、安徽等省（市）属于引导逐步调整退出的产业；在海南省属于不再承接产业	产业政策
铜冶炼行业规范条件（2014年本）	2014年	工业和信息化部公告 2014年第29号	• 生产能力：新建和改造原生及再生铜冶炼企业规模＞10万t/a，现有再生铜冶炼企业生产规模＞5万t/a。 • 工艺和装备：新建和改造原生铜冶炼项目须采用富氧熔炼工艺，烟气制酸须采用稀酸洗涤净化、双转双吸（或三转三吸）工艺。新建和改造再生铜冶炼工艺须采用NGL炉、旋转顶吹炉、精炼摇炉、倾动式精炼炉、100 t以上改进型阳极炉（反射炉）等工艺及装备并配套二噁英防控设备设施	产业政策

政策名称	时间	发文部门与文号	规定	政策类型
铜冶炼行业规范条件（2019年本）	2019年	工业和信息化部公告2019年第35号	工艺和装备：原生铜冶炼企业，应采用闪速熔炼和富氧强化熔池熔炼等先进工艺，烟气制酸须采用稀酸洗涤净化、双转双吸等先进工艺并配置资源综合利用、节能等设施；再生铜冶炼企业冶炼工艺须采用NGL炉、旋转顶吹炉、倾动式精炼炉、富氧顶吹炉、富氧底吹炉、100 t以上改进型阳极炉（反射炉）等生产工艺及装备并配套二噁英防控设备设施	产业政策
清洁生产标准 铜冶炼业（HJ 558—2010）	2010年	环境保护部	将硫化铜精矿为主要原料的铜冶炼火法企业清洁生产指标分为生产工艺与装备要求、资源能源利用指标、产品指标、污染物产生指标（末端处理前）、废物回收利用指标和环境管理要求等六类	清洁生产政策
清洁生产标准 铜电解业（HJ 559—2010）	2010年	环境保护部	将铜电解企业清洁生产指标分为生产工艺与装备要求、资源能源利用指标、产品指标、污染物产生指标（末端处理前）、废物回收利用指标和环境管理要求等六类	清洁生产政策
镍、钴行业清洁生产评价指标体系	2015年	国家发展改革委、环境保护部、工业和信息化部公告2015年第36号	将镍、钴采选、冶炼企业清洁生产指标分为生产工艺及设备要求、资源和能源消耗指标、资源综合利用指标、产品特征指标、污染物产生（控制）指标和清洁生产管理指标等六类	清洁生产政策
铜、镍、钴工业污染物排放标准（GB 25467—2010）	2010年	环境保护部	规定了铜、镍、钴工业企业（不适用于再生铜企业）生产过程中水污染物和大气污染物排放限值、监测和监控要求，以及标准的实施与监督等相关内容	固定污染源管理政策
再生铜、铝、铅、锌工业污染物排放标准（GB 31574—2015）	2015年	环境保护部	规定了再生有色金属（铜、铝、铅、锌）工业企业生产过程中水污染物和大气污染物排放限值、监测和监控要求，以及标准的实施与监督等相关内容	固定污染源管理政策

政策名称	时间	发文部门与文号	规定	政策类型
排污许可证申请与核发技术规范　有色金属工业——铜冶炼（HJ 863.3—2017）	2017 年	环境保护部	规定了铜冶炼行业排污单位基本情况填报要求、许可排放限值、实际排放量核算和合规判定的方法，以及自行监测环境管理要求、环境管理台账及排污许可证执行报告编制要求等	固定污染源管理政策
排污许可证申请与核发技术规范　有色金属工业——镍冶炼（HJ 934—2017）	2017 年	环境保护部	规定了镍冶炼行业排污单位基本情况填报要求、许可排放限值、实际排放量核算和合规判定的方法，以及自行监测环境管理要求、环境管理台账及排污许可证执行报告编制要求等	固定污染源管理政策
排污许可证申请与核发技术规范　有色金属工业——钴冶炼（HJ 937—2017）	2017 年	环境保护部	规定了钴冶炼行业排污单位基本情况填报要求、许可排放限值、实际排放量核算和合规判定的方法，以及自行监测环境管理要求、环境管理台账及排污许可证执行报告编制要求等	固定污染源管理政策
排污许可证申请与核发技术规范　有色金属工业——再生金属（HJ 863.4—2018）	2018 年	生态环境部	规定了再生铜、再生铝、再生铅、再生锌行业排污单位基本情况填报要求、许可排放限值、实际排放量核算和合规判定的方法，以及自行监测环境管理要求、环境管理台账及排污许可证执行报告编制要求等	固定污染源管理政策
排污单位自行监测技术指南　有色金属工业（HJ 989—2018）	2019 年	生态环境部	提出了有色金属（铝、铅、锌、铜、镍、钴、镁、钛、锡、锑、汞）工业冶炼排污单位自行监测的一般要求，以及监测方案制定、信息记录和报告的基本内容及要求	固定污染源管理政策
污染源源强核算技术指南　有色金属冶炼（HJ 983—2018）	2018 年	生态环境部	规定了有色金属冶炼业源强核算程序，废水、废气、噪声、固体废物源强核算方法	固定污染源管理政策

政策名称	时间	发文部门与文号	规定	政策类型
铜冶炼污染防治可行技术指南	2015年	环境保护部公告2015年第24号	提出了铜冶炼污染预防与污染治理的可行性技术	技术规范指南
镍冶炼污染防治可行技术指南	2015年	环境保护部公告2015年第24号	提出了镍冶炼污染预防与污染治理的可行性技术	技术规范指南
钴冶炼污染防治可行技术指南	2015年	环境保护部公告2015年第24号	提出了钴冶炼污染预防与污染治理的可行性技术	技术规范指南
铜、镍、钴采选废水治理工程技术规范（HJ 2056—2018）	2018年	生态环境部	规定了铜、镍、钴矿石采选废水治理工程的设计、施工、验收、运行和维护的技术要求	技术规范指南

5.1.3 锡、锑、汞工业

锡、锑、汞工业包括锡、锑、汞矿采选业和锡、锑、汞冶炼业，以及含锡、锑、汞的二次资源作为原料提炼金属的锡、锑、汞冶炼业。近10年我国锡矿产量在10万t左右波动，全球锡矿产量在30万t左右波动，我国产量约占全球产量的1/3。2019年我国氧化锑产量为90 223 t、锑锭产量为78 454 t，锑产量占全球总产量的91.37%。锡、锑、汞工业环境管理政策进展情况有以下几个方面（表5-3）。

（1）鼓励锡冶炼企业朝自动化、智能化及大型化方向发展

《产业结构调整指导目录（2019年本）》较《产业结构调整指导目录（2011年本）》，主要增加了新建、扩建原生汞矿开采项目等限制类项目和原生汞矿开采（2032年8月16日）等淘汰类项目。为进一步规范锡行业管理、加快行业结构调整和转型升级，工业和信息化部对《锡行业准入条件》进行了修订，形成了《锡行业规范条件》，增加了对锡矿山采选和含锡二次资源项目生产能力的要求；删除了对锡锭（或粗锡）生

产能力要求；提出了现有落后的反射炉熔炼工艺应在 2020 年年底前逐步淘汰的要求；将提倡的工艺从氧气顶吹炉或大型反射炉工艺调整为富氧熔池熔炼工艺；鼓励企业朝自动化、智能化及大型化方向发展。2019 年，为贯彻落实党中央、国务院关于转变政府职能和深化“放管服”改革的指示精神，工业和信息化部发布公告废止《锡行业规范条件》。《禁止用地项目目录（2012 年本）》规定了禁止新建、扩建钨、锡、锑开采、冶炼项目。根据《产业发展与转移指导目录（2018 年本）》，锡、锑、汞冶炼在天津、河北、上海、广东、安徽等省（市）属于引导逐步调整退出的产业；在海南省属于不再承接的产业。2015 年，国家发展改革委、环境保护部、工业和信息化部联合发布了《锑行业清洁生产评价指标体系》，为锑采选、冶炼和锑白（三氧化二锑）冶炼等行业企业实施清洁生产提供了技术指导。

（2）首次发布实施有关锡、锑、汞工业的污染物排放标准、排污许可证申请与核发技术规范、排污单位自行监测技术指南、污染源源强核算技术指南

2014 年，环境保护部首次发布了《锡、锑、汞工业污染物排放标准》（GB 30770—2014），新建锡、锑、汞采选及冶炼企业自 2014 年 7 月 1 日起执行，现有锡、锑、汞采选及冶炼企业自 2015 年 1 月 1 日起执行，不再执行《污水综合排放标准》（GB 8978—1996）、《大气污染物综合排放标准》（GB 16297—1996）和《工业炉窑大气污染物排放标准》（GB 9078—1996）中的相关规定。2017 年，环境保护部相继首次发布《排污许可证申请与核发技术规范 有色金属工业——锡冶炼》（HJ 936—2017）、《排污许可证申请与核发技术规范 有色金属工业——锑冶炼》（HJ 938—2017）、《排污许可证申请与核发技术规范 有色金属工业——汞冶炼》（HJ 931—2017），规定了锡、锑、汞采选及冶炼企业主要排放

口和许可排放量，现有企业、事业单位和其他生产经营者应当按照《固定污染源排污许可分类管理名录（2017年版）》规定，在2018年内申请排污许可证。2018年，生态环境部发布《排污单位自行监测技术指南 有色金属工业》（HJ 989—2018），对有色金属（铝、铅、锌、铜、镍、钴、镁、钛、锡、锑、汞）冶炼企业废水、废气（包括有组织废气和无组织废气）监测点位、指标及最低监测频次等提出了要求。同年，生态环境部发布《污染源源强核算技术指南 有色金属冶炼》（HJ 983—2018），规定了有色金属（铝、铅、锌、铜、镍、钴、镁、钛、锡、锑、汞）冶炼业废气、废水、噪声、固体废物源强核算的基本原则、内容、方法及要求。

（3）全面管控涉汞行业

为贯彻《环境保护法》等法律法规，履行《关于汞的水俣公约》，防治环境污染，保障生态安全和人体健康，规范污染治理和管理行为，引领涉汞行业清洁生产和污染防治技术进步，促进行业的绿色、循环、低碳发展，环境保护部于2015年制定了《汞污染防治技术政策》，该政策对原生汞生产，用汞工艺（主要指电石法聚氯乙烯生产），添汞产品（主要指含汞电光源、含汞电池、含汞体温计、含汞血压计、含汞化学试剂）生产，以及燃煤电厂与燃煤工业锅炉等涉汞行业的相关规划、污染物排放标准、环境影响评价、总量控制、排污许可等环境管理和企业污染防治工作提出要求。

表5-3 锡、锑、汞工业环境管理相关政策一览表

政策名称	时间	发文部门与文号	规定	政策类型
禁止用地项目目录（2012年本）	2012年	国土资源部、国家发展改革委（国土资发〔2012〕98号）	禁止新建、扩建锡、锑开采、冶炼项目	产业政策

政策名称	时间	发文部门与文号	规定	政策类型
产业结构调整指导目录（2011年本）	2011年	国家发展改革委令　第9号	• 限制类：新建、扩建锡、锑开采、冶炼项目，氧化锑、铅锡焊料生产项目。 • 淘汰类：采用铁锅和土灶、蒸馏罐、坩埚炉及简易冷凝收尘设施等方式炼汞；采用地坑炉、坩埚炉、赫氏炉等方式炼锑	产业政策
产业结构调整指导目录（2019年本）	2019年	国家发展改革委令　第29号	• 限制类：锡、锑冶炼项目以及氧化锑、铅锡焊料生产项目；新建、扩建原生汞矿开采项目。 • 淘汰类：采用铁锅和土灶、蒸馏罐、坩埚炉及简易冷凝收尘设施等方式炼汞；采用地坑炉、坩埚炉、赫氏炉等方式炼锑；原生汞矿开采（2032年8月16日）	产业政策
产业发展与转移指导目录（2018年本）	2018年	工业和信息化部公告　2018年第66号	锡、锑、汞冶炼在天津、河北、上海、广东、安徽等省（市）属于引导逐步调整退出的产业；在海南省属于不再承接的产业	产业政策
锡行业规范条件（2019年废止）	2015年	工业和信息化部公告　2015年第89号	• 企业布局：严禁在风景名胜区、自然保护区、饮用水水源保护区等敏感区域内新建锡项目。 • 生产能力：锡矿山规模>6万t/a；再生锡项目规模>4 000 t/a。 • 工艺和装备：锡矿山采选项目应采用先进节能设备，提高自动化水平。锡冶炼项目，粗炼工艺应采用富氧熔池熔炼等冶炼工艺并配备烟气脱硫设备；精炼应朝自动化、智能化及大型化方向发展，火法精炼应采用电热机械连续结晶机、真空炉等先进装备。再生锡项目，单台电炉功率>800 kVA、单台烟化炉床面积>4 m^2	产业政策

政策名称	时间	发文部门与文号	规定	政策类型
锑行业清洁生产评价指标体系	2015 年	国家发展改革委、环境保护部、工业和信息化部公告 2015 年第 36 号	将锑采选、冶炼和锑白（三氧化二锑）生产企业清洁生产指标分为生产工艺及设备要求、资源和能源消耗指标、资源综合利用指标、产品特征指标、污染物产生（控制）指标和清洁生产管理指标等六类	清洁生产政策
锡、锑、汞工业污染物排放标准（GB 30770—2014）	2014 年	环境保护部	规定了锡、锑、汞采选及冶炼企业生产过程中水污染物和大气污染物排放限值、监测和监控要求，以及标准的实施与监督等相关内容	固定源排污管理政策
排污许可证申请与核发技术规范 有色金属工业——锡冶炼（HJ 936—2017）	2017 年	环境保护部	规定了锡冶炼行业排污单位基本情况填报要求、许可排放限值、实际排放量核算和合规判定的方法，以及自行监测环境管理要求、环境管理台账及排污许可证执行报告编制要求等	固定污染源管理政策
排污许可证申请与核发技术规范 有色金属工业——锑冶炼（HJ 938—2017）	2017 年	环境保护部	规定了锑冶炼及锑白冶炼行业排污单位基本情况填报要求、许可排放限值、实际排放量核算和合规判定的方法，以及自行监测环境管理要求、环境管理台账及排污许可证执行报告编制要求等	固定污染源管理政策
排污许可证申请与核发技术规范 有色金属工业——汞冶炼（HJ 931—2017）	2017 年	环境保护部	规定了汞冶炼行业排污单位基本情况填报要求、许可排放限值、实际排放量核算和合规判定的方法，以及自行监测环境管理要求、环境管理台账及排污许可证执行报告编制要求等	固定污染源管理政策

政策名称	时间	发文部门与文号	规定	政策类型
排污单位自行监测技术指南 有色金属工业（HJ 989—2018）	2019 年	环境保护部	规定了有色金属冶炼业源强核算程序，废水、废气、噪声、固体废物源强核算方法	固定污染源管理政策
汞污染防治技术政策	2015 年	环境保护部公告 2015 年第 90 号	对涉汞行业的固体废物利用率、废水回用率及生产工艺设备、末端治理工艺技术等都做了具体要求	综合管理政策

5.2 铅蓄电池制造业

铅蓄电池制造是指以铅及氧化物为正负极材料，电解液为硫酸水溶液的电池制造。铅蓄电池广泛应用于汽车、通信、电力、铁路等多个领域，我国铅冶炼生产金属铅的产品产量约占全球总产量的 40%，其中约 80%用于铅蓄电池生产制造。铅蓄电池制造业环境管理政策进展情况有以下几个方面（表 5-4）。

（1）鼓励铅蓄电池制造朝自动化生产、新型结构密闭等方向发展

《产业结构调整指导目录（2019 年本）》较《产业结构调整指导目录（2011 年本）》，限制类主要增加了人工作业工艺、外化成工艺等，淘汰类增加了开放式熔铅锅、开口式铅粉机、管式铅蓄电池干式灌粉、干式荷电铅蓄电池、含砷高于 0.1%的铅蓄电池等落后工艺或设备。为进一步规范铅蓄电池行业管理、加快行业结构调整和转型升级，工业和信息化部对《铅蓄电池行业准入条件》进行了修订，形成了《铅蓄电池行业规范条件（2015 年本）》，从企业布局、生产能力、不符合准入条件的建

设项目、工艺与装备、环境保护、职业卫生与安全生产、节能与回收利用、监督管理等方面进行了规定。《铅蓄电池厂卫生防护距离标准》规定了铅、锌电池企业的边界至居住区边界的最小距离。根据《产业发展与转移指导目录（2018 年本）》，含砷高于 1%的铅蓄电池制造业在江苏省属于引导逐步调整退出的产业。

（2）陆续出台推动铅蓄电池企业实施清洁生产改造的相关实施方案、行动计划，整合修编电池行业清洁生产评价指标体系

2011 年，工业和信息化部发布以削减电池行业重金属污染物产生量为目标的《电池行业清洁生产实施方案》。为加快实施汞削减、铅削减和高毒农药替代等清洁生产重点工程，从源头削减汞、铅和高毒农药等高风险污染物排放，2014 年，工业和信息化部、财政部发布《高风险污染物削减行动计划》，规定了铅蓄电池行业实施铅削减清洁生产工程相关内容。2015 年，国家发展改革委、环境保护部、工业和信息化部出台了公告《电池行业清洁生产评价指标体系》，《电池行业清洁生产评价指标体系（试行）》（国家发展改革委公告 2006 年第 87 号）、《清洁生产标准 铅蓄电池行业》（HJ 447—2008）同时废止。

（3）首次发布实施有关电池工业的污染物排放标准、排污许可证申请与核发技术规范

2013 年，环境保护部首次发布《电池工业污染物排放标准》（GB 30484—2013），电池工业新建企业自 2014 年 3 月 1 日起实施，现有企业自 2014 年 7 月 1 日起实施，不再执行《污水综合排放标准》（GB 8978—1996）和《大气污染物综合排放标准》（GB 16297—1996）。2018 年，生态环境部首次发布《排污许可证申请与核发技术规范 电池工业》（HJ 967—2018），电池工业中仅对铅蓄电池制造实施重点管理，规定了主要排放口和许可排放量，现有企业、事业单位和其他生产经营

者应当按照《固定污染源排污许可分类管理名录（2017 年版）》规定，在 2019 年内申请排污许可证。

（4）逐步规范废铅蓄电池污染防治，推进铅蓄电池生产者责任延伸制度

2013 年，工业和信息化部等 5 部委联合发布的《关于促进铅酸蓄电池和再生铅行业规范发展的意见》（工信部联节〔2013〕92 号）提出：“到 2015 年，废铅蓄电池的回收和综合利用率达到 90%以上，铅循环再生比重超过 50%，推动形成全国铅资源循环利用体系。”2016 年，国务院办公厅印发的《生产者责任延伸制度推行方案》提出：“到 2020 年，生产者责任延伸制度相关政策体系初步形成，产品生态设计取得重大进展，重点品种的废弃产品规范回收与循环利用率平均达到 40%。到 2025 年，生产者责任延伸制度相关法律法规基本完善，重点领域生产者责任延伸制度运行有序，产品生态设计普遍推行，重点产品的再生原料使用比例达到 20%，废弃产品规范回收与循环利用率平均达到 50%”的工作目标，铅蓄电池为首批实施的 4 类产品之一。2019 年，生态环境部等 9 部门办公厅联合印发的《废铅蓄电池污染防治行动方案》（环办固体〔2019〕3 号）（附件 7）提出：“到 2020 年，铅蓄电池生产企业通过落实生产者责任延伸制度实现废铅蓄电池规范收集率达到 40%；到 2025 年，废铅蓄电池规范收集率达到 70%；规范收集的废铅蓄电池全部安全利用处置。”2019 年，生态环境部办公厅、交通运输部办公厅联合印发《铅蓄电池生产企业集中收集和跨区域转运制度试点工作方案》（环办固体〔2019〕5 号），在试点地区选择具有一定规模和市场占有率的铅蓄电池生产企业及其委托的专业回收企业，开展铅蓄电池生产企业集中收集和跨区域转运制度试点工作，推动铅蓄电池生产企业落实生产者责任延伸制度。

表 5-4　铅蓄电池制造业环境管理相关政策一览表

政策名称	时间	发布部门与文号	规定	政策类型
产业结构调整指导目录（2011年本）	2011 年	国家发展改革委令　第 9 号	• 鼓励类：新型大容量密封铅蓄电池；新型结构（卷绕式、管式等）密封铅蓄电池等动力电池。 • 淘汰类：落后产品—开口式普通铅酸电池、含镉高于 0.002%的铅蓄电池（2013 年）	产业政策
产业结构调整指导目录（2019年本）	2019 年	国家发展改革委令　第 29 号	• 鼓励类：新型结构（双极性、铅布水平、卷绕式、管式等）密封铅蓄电池；铅蓄电池自动化、智能化生产线。 • 限制类：铅蓄电池生产中铸板、制粉、输粉、灌粉、和膏、涂板、刷板、配酸灌酸、外化成、称板、包板等人工作业工艺；采用外化成工艺生产铅蓄电池。 • 淘汰类：铅蓄电池生产用开放式熔铅锅、开口式铅粉机；管式铅蓄电池干式灌粉工艺；开口式普通铅蓄电池、干式荷电铅蓄电池，含镉高于 0.002%的铅蓄电池；含砷高于 0.1%的铅蓄电池	产业政策
产业发展与转移指导目录（2018年本）	2018 年	工业和信息化部公告　2018 年第 66 号	含砷高于 1%的铅蓄电池制造业在江苏省属于引导逐步调整退出的产业	产业政策
铅蓄电池行业准入条件	2012 年	工业和信息化部、环境保护部公告 2012 年第 18 号	• 企业布局：新建项目应在县级以上工业园区内；重金属污染防控重点区域禁止新建项目。 • 生产能力：新、改、扩建项目不应低于 50 万 kVA·h、现有项目不应低于 20 万 kVA·h、现有商品极板生产项目不应低于 100 万 kVA·h。 • 不符合准入条件的建设项目：开口式普通铅蓄电池生产项目；新、改、扩建商品极板生产项目；新、改、扩建外购商品极板组装铅蓄电池的生产项目	产业政策

政策名称	时间	发布部门与文号	规定	政策类型
铅蓄电池行业准入条件	2012 年	工业和信息化部环境保护部公告 2012 年第 18 号	● 生产项目；新、改、扩建干式荷电铅蓄电池生产项目；新、改、扩建镉含量高于 0.002%（电池质量百分比，下同）或砷含量高于 0.1%的铅蓄电池生产项目（现有生产能力应于 2013 年年底前予以淘汰）。 ● 工艺与装备：在封闭的车间内，在局部负压环境下生产；铅粉制造、和膏、涂板及极板传送等工序采用自动化设备	产业政策
铅蓄电池行业规范条件（2015 本）	2015 年	工业和信息化部公告 2015 年第 85 号	● 企业布局：新、改、扩建项目应在县级以上工业园区内；重金属污染防控重点区域应实现重金属污染物排放总量控制，禁止新、改、扩建增加重金属污染物排放量的项目。 ● 生产能力：新、改、扩建项目不应低于 50 万 kVA·h、现有项目不应低于 20 万 kVAh、现有商品极板生产项目不应低于 100 万 kVA·h。 ● 不符合准入条件的建设项目：开口式普通铅蓄电池生产项目；干式荷电铅蓄电池生产项目；新、改、扩建商品极板生产项目；新、改、扩建外购商品极板组装铅蓄电池生产项目；新、改、扩建镉含量高于 0.002%（电池质量百分比，下同）或砷含量高于 0.1%的铅蓄电池生产项目。 ● 工艺与装备：在封闭的车间内，在局部负压环境下生产；铅粉制造、和膏、涂板及极板传送等工序采用自动化设备	产业政策
铅蓄电池厂卫生防护距离标准（GB 11659—89）	1989 年	卫生部	根据铅蓄电池企业生产规模、近 5 年平均风速，规定卫生防护距离最小为 300 m，最大为 800 m	产业政策

政策名称	时间	发布部门与文号	规定	政策类型
电池行业清洁生产实施方案	2011 年	工业和信息化部（工信部节〔2011〕614 号）	主要任务包括全面开展清洁生产审核；加强科技创新，推动电池行业清洁生产技术进步；大力实施清洁生产技术改造工程、废铅蓄电池再生利用技术装备示范工程等	清洁生产政策
高风险污染物削减行动计划	2014 年	工业和信息化部、财政部（工信部联节〔2014〕168 号）	在铅蓄电池行业重点推广卷绕式、挤膏式铅蓄电池生产、铅粉制造冷切削造粒、扩展式（拉网式、冲孔式、连铸连轧式）板栅制造工艺与装备、极板分片打磨与包片自动化装备、电池组装自动铸焊、铅蓄电池内化成工艺与酸雾凝集回收利用、铅炭电池、含铅废酸与废水回收利用等技术	清洁生产政策
电池行业清洁生产评价指标体系	2015 年	国家发展改革委、环境保护部、工业和信息化部公告 2015 年第 36 号	包括铅蓄电池、锌系列电池、镉镍电池、氢镍电池、锂离子电池、锂原电池生产企业的清洁生产评价指标。将清洁生产指标分为生产工艺及设备要求、资源和能源消耗指标、资源综合利用指标、产品特征指标、污染物产生（控制）指标和清洁生产管理指标等六类	清洁生产政策
电池工业污染物排放标准（GB 30484—2013）	2013 年	环境保护部	规定了电池（包括锌锰电池、糊式电池、纸板电池、叠层电池、碱性锌锰电池、锌空气电池、锌银电池、铅蓄电池、镉镍电池、氢镍电池、锂电池、太阳电池）工业企业水污染物和大气污染物排放限值、监测和监控要求	固定污染源管理政策
排污许可证申请与核发技术规范 电池工业（HJ 967—2018）	2018 年	生态环境部	规定了电池工业排污单位基本情况填报要求、许可排放限值、实际排放量核算和合规判定的方法，以及自行监测环境管理要求、环境管理台账及排污许可证执行报告编制要求等	固定污染源管理政策

政策名称	时间	发布部门与文号	规定	政策类型
关于促进铅酸蓄电池和再生铅行业规范发展的意见	2013 年	工业和信息化部等 5 部委（工信部联节〔2013〕92 号）	包括加快产业结构调整升级、加强环境执法监管、建立规范有序的回收利用体系、加强政策引导和支持、加强组织实施等内容	生产者责任延伸政策
生产者责任延伸制度推行方案	2016 年	国务院办公厅（国办发〔2016〕99 号）	探索铅蓄电池生产商集中收集和跨区域转运方式，支持建立铅蓄电池全生命周期追溯系统，推动实行统一的编码规范，制定铅蓄电池回收利用管理办法	生产者责任延伸政策
废铅蓄电池污染防治行动方案	2019 年	生态环境部等 9 部门办公厅（环办固体〔2019〕3 号）	包括推动铅蓄电池生产行业绿色发展、完善废铅蓄电池收集体系、强化再生铅行业规范化管理、严厉打击涉废铅蓄电池违法犯罪行为、建立长效保障机制等内容	生产者责任延伸政策
铅蓄电池生产企业集中收集和跨区域转运制度试点工作方案	2019 年	生态环境部办公厅、交通运输部办公厅（环办固体〔2019〕5 号）	包括建立铅蓄电池生产企业集中收集模式、规范废铅蓄电池转运管理要求、强化废铅蓄电池回收转运信息化监督管理等	生产者责任延伸政策

5.3 皮革及其制品业

皮革及其制品业是我国轻工行业的支柱产业之一，我国皮革行业已经形成完整的产业链，其中制革工业是基础。2016 年全国规模以上制革企业轻革产量为 6 亿 m^2，约占世界皮革总产量的 25%。从原料皮种类看，牛皮约占 74%，羊皮约占 18%，猪皮约占 8%。我国轻革产区日趋集中，以河北、浙江、河南、广东等十大省份为主，其轻革产量约占全国总产量的 95%。制革的原材料主要是各种家畜动物皮，如牛皮、羊皮、猪皮等。将原料皮转变为皮革的制革工艺由数十个物理和化学工序组成。制革工艺依据原料皮的种类、状态和最终产品要求的不同而有所变化，但一般而言，制革工艺可被划分为三大工段，即准备工段、鞣制工段和整饰工段。皮革及其制品业环境管理政策进展情况有以下几个方面（表 5-5）。

（1）鼓励集中生产、统一治污的发展模式

工业和信息化部印发的《关于制革行业结构调整的指导意见》（工信部消费〔2009〕605 号）提出：提高行业准入门槛，淘汰落后生产技术和能力，淘汰年加工 3 万标准张以下的制革生产线；大力推进节水降耗，减少制革污染排放。2014 年 5 月，工业和信息化部发布的《制革行业规范条件》，提出鼓励制革企业集中生产和集中治污；新建（改、扩建）制革企业生产成品皮革的，年加工能力不低于 30 万标准张牛皮。根据《产业发展与转移指导目录（2018 年本）》，皮革及其制品业在北京、河北（省级以上工业区除外）、湖北（鄂州市）、陕西（关中、陕南地区）等省（市）属于引导逐步调整退出的产业；在辽宁（大连市、辽阳市、阜新市、沈阳市）、内蒙古（巴彦淖尔市、乌兰察布市、锡林郭勒盟、呼伦贝尔市、阿拉善盟）、黑龙江（哈尔滨市、大庆市）、湖南（邵阳市、湘潭市、衡阳市、怀化市、永州市）、广西（玉林市、贵港市、北海市、钦州市）、甘肃（临夏州、甘南州、兰州市）、青海（西宁市、海东市）、新疆（博尔塔拉州、克孜勒苏州、乌鲁木齐市、伊犁州直、喀什地区）省（区、市）属于优先承接发展的产业。根据《重点流域水污染防治规划（2016—2020 年）》，福建闽江水口电站以上流域范围禁止新建、扩建制革项目，九龙江北溪东北引桥闸以上、西溪桥闸以上流域范围禁止新建、扩建制革项目，以河北省制革行业为重点，全面取缔不符合国家产业政策的小型、污染严重的生产项目。

（2）整合修编皮革行业清洁生产评价指标体系

2007 年，国家发展改革委、环境保护部先后发布《制革行业清洁生产评价指标体系（试行）》（国家发展改革委公告 2007 年第 41 号）、《清

洁生产标准 制革工业（猪轻革）》（HJ/T 127—2003）、《清洁生产标准 制革工业（牛轻革）》（HJ 448—2008）和《清洁生产标准 制革工业（羊革）》（HJ 560—2010）。2017 年 7 月，为进一步形成统一、系统、规范的清洁生产技术支撑文件体系，指导和推动企业依法实施清洁生产，国家发展改革委、环境保护部、工业和信息化部整合修编发布了《制革行业清洁生产评价指标体系》（国家发展改革委、环境保护部、工业和信息化部公告 2017 年第 7 号），前述三个相关标准同时停止施行。

（3）首次发布实施有关制革及皮毛加工工业的污染物排放标准、排污许可证申请与核发技术规范、排污单位自行监测技术指南、污染源源强核算技术指南

2013 年，环境保护部首次发布《制革及皮毛加工工业水污染物排放标准》（GB 30486—2013），同时，在国土开发密度已经较高、环境承载能力开始减弱或环境容量较小、生态环境脆弱、容易发生严重污染环境问题的地区执行特别排放限值。2017 年，环境保护部发布《排污许可证申请与核发技术规范 制革及皮毛加工工业——制革工业》（HJ 859.1—2017）。根据《固定污染源排污许可分类管理名录（2017 年版）》规定，含鞣制工序的制革加工企业应于 2017 年内申请许可证，其他企业于 2020 年申请。2018 年，生态环境部发布《排污单位自行监测技术指南 制革及毛皮加工工业》（HJ 946—2018），对制革及毛皮加工工业企业废水、废气（包括有组织废气和无组织废气）监测指标及最低监测频次等提出了要求。同年，生态环境部发布的《污染源源强核算技术指南 制革工业》（HJ 995—2018），规定了制革工业企业废气、废水、噪声、固体废物源强核算的基本原则、内容、方法及要求。

表 5-5　皮革及其制品业环境管理相关政策一览表

政策名称	时间	发布部门与文号	规定	政策类型
产业结构调整指导目录（2019年本）	2019年	国家发展改革委令第29号	• 鼓励类：制革及毛皮加工清洁生产、皮革后整饰新技术开发及关键设备制造、含铬皮革固体废物综合利用；皮革及毛皮加工废液的循环利用，三价铬污泥综合利用；无灰膨胀（助）剂、无氨脱灰（助）剂、无盐浸酸（助）剂、高吸收铬鞣（助）剂、天然植物鞣剂、水性涂饰（助）剂等高档皮革用于功能性化工产品开发、生产与应用。 • 淘汰类：年加工生皮能力5万标张牛皮、年加工蓝湿皮能力3万标张牛皮以下的制革生产线	产业政策
产业发展与转移指导目录（2018年本）	2018年	工业和信息化部公告2018年第66号	皮革及其制品业在北京、河北（省级以上工业区除外）、湖北（鄂州市）、陕西（关中、陕南地区）等省（市）属于逐步引导退出产业；在辽宁（大连市、辽阳市、阜新市、沈阳市）、内蒙古（巴彦淖尔市、乌兰察布市、锡林郭勒盟、呼伦贝尔市、阿拉善盟）、黑龙江（哈尔滨市、大庆市）、湖南（邵阳市、湘潭市、衡阳市、怀化市、永州市）、广西（玉林市、贵港市、北海市、钦州市）、甘肃（临夏州、甘南州、兰州市）、青海（西宁市、海东市）、新疆（博尔塔拉州、克孜勒苏州、乌鲁木齐市、伊犁州直、喀什地区）省（区、市）属于优先承接发展的产业	产业政策
关于制革行业结构调整的指导意见	2009年	工业和信息化部（工信部消费〔2009〕605号）	• 产业布局：加快东部、中西部和东北三个皮革生产区域优势互补、良性互动，合理规划区域布局，促进制革产业梯度转移；在全国培育5～8个承接转移的制革集中生产区；鼓励制革企业进入产业定位适当、污水治理条件完善的工业园区，单独建设的制革企业必须符合产业政策和环保要求。 • 准入门槛：依法取缔违法违规小制革，淘汰年加工3万标张以下的制革生产线；严格限制投资新建年加工10万标准张以下的制革项目；提高行业准入门槛，杜绝新增落后生产能力，防止落后生产能力变相转移	产业政策

政策名称	时间	发布部门与文号	规定	政策类型
制革行业规范条件	2014年	工业和信息化部公告 2014年第31号	• 企业布局：鼓励制革企业集中生产和集中治污。 • 企业生产规模：新建（改、扩建）制革企业生产成品皮革的，年加工能力不低于30万标准张牛皮；鼓励对规模较小的企业按照国家有关法律法规进行兼并重组，兼并重组后企业生产规模须符合本规范条件中新建（改、扩建）制革企业的要求。 • 工艺技术与装备：应采用低硫或无硫保毛脱毛工艺，低灰浸灰工艺，少氨或无氨脱灰工艺，低盐或无盐浸酸或浸酸废液循环工艺，铬循环利用或高吸收铬鞣、低铬、无铬鞣制工艺等清洁生产技术	产业政策
重点流域水污染防治规划（2016—2020年）	2017年	环境保护部、国家发展和改革委、水利部（环水体〔2017〕142号）	福建闽江水口电站以上流域范围禁止新建、扩建制革项目，九龙江北溪东北引桥闸以上、西溪桥闸以上流域范围禁止新建、扩建制革项目；以河北省制革行业为重点，全面取缔不符合国家产业政策的小型、污染严重的生产项目	产业政策
制革行业清洁生产评价指标体系	2017年	国家发展改革委、环境保护部、工业和信息化部公告 2017年第7号	适用于牛皮、羊皮、猪皮制革企业。指标体系规定了制革企业清洁生产的一般要求，将清洁生产指标分为六类，即生产工艺及设备要求、资源和能源消耗指标、资源综合利用指标、污染物产生指标、产品特征指标和清洁生产管理指标	清洁生产政策
制革及毛皮加工工业水污染物排放标准（GB 30486—2013）	2013年	环境保护部	规定了制革及毛皮加工企业水污染物排放限值、监测和监控要求，对重点区域规定了水污染物特别排放限值。制革及毛皮加工企业排放大气污染物（含恶臭污染物）、环境噪声适用相应的国家污染物排放标准，产生固体废物的鉴别、处理和处置适用国家固体废物污染控制标准	固定源排污管理政策
排污许可证申请与核发技术规范 制革及毛皮加工工业——制革工业（HJ 859.1—2017）	2017年	环境保护部	规定了制革工业排污许可证申请与核发的基本情况填报要求、许可排放限值、实际排放量核算和合规判定的方法，以及自行监测环境管理要求、环境管理台账与排污许可证执行报告编制要求等，提出了制革工业污染防治可行技术要求	固定污染源管理政策

政策名称	时间	发布部门与文号	规定	政策类型
排污单位自行监测技术指南 制革及毛皮加工工业（HJ 946—2018）	2018年	生态环境部	提出了制革及毛皮加工工业排污单位自行监测的一般要求、监测方案制定、信息记录和报告的基本内容及要求	固定污染源管理政策
污染源源强核算技术指南 制革工业（HJ 995—2018）	2018年	生态环境部	规定了制革工业企业源强核算程序，废水、废气、噪声、固体废物源强核算方法	固定污染源管理政策

5.4 化学原料及化学制品制造业

5.4.1 铬盐行业

铬盐行业是指铬铁矿通过有钙焙烧或无钙焙烧生产铬盐（重铬酸钠、铬酸酐）的企业。铬盐是我国无机化工主要系列产品之一，广泛应用于冶金、制革、颜料、染料、香料、金属表面的处理、木材防腐、军工等工业中，被列为最具有竞争力的8种资源性原材料产品之一。铬盐行业环境管理政策进展情况有以下几个方面（表5-6）。

（1）推行铬盐行业清洁生产改造

2011年，工业和信息化部发布以削减铬盐行业污染物产生量为目标的《铬盐行业清洁生产技术推行方案》，提出到2013年，全行业实现采用铬铁碱溶氧化制铬酸钠技术，气动流化塔式连续液相氧化技术，钾系亚熔盐液相氧化法、无钙焙烧法、碳化法生产红矾钠技术等清洁生产工艺。2012年，工业和信息化部、财政部发布《铬盐行业清洁生产实施计划》，明确提出在 2013 年年底前淘汰有钙焙烧工艺的目标，并对率先实施铬铁碱溶氧化制铬酸钠、气动流化塔式连续液相氧化法等关键技术产业化应用的示范项目，中央财政清洁生产专项资金将给予资金补助。

（2）加强铬化合物污染防治，促进铬化合物产业结构调整

工业和信息化部、环境保护部于 2013 年印发的《关于加强铬化合物行业管理的指导意见》，要求通过严格准入推动行业有序发展；通过加快产业转型，调整优化产业结构、加强许可管理，实施全过程监管；开展行业核查，严格落实相关政策等管理手段实现铬化合物生产企业当年产生铬渣当年处置完毕的目标，环境风险大幅降低；2013 年年底前，淘汰铬化合物有钙焙烧工艺，推行清洁生产工艺；到“十二五”时期末，铬化合物生产厂点进一步减少，工艺技术装备达到国际先进水平，实现布局合理、环境友好、监管有力的铬化合物行业健康发展目标。2015 年，为防治环境污染，促进铬盐工业生产工艺和污染治理技术的进步，环境保护部印发《铬盐工业污染防治技术政策》，对铬盐企业污染防治提供技术指引。

表 5-6　铬盐工业环境管理相关政策一览表

政策名称	时间	发文部门与文号	规定	政策类型
铬盐行业清洁生产实施计划	2012 年	工业和信息化部、财政部（工信部节〔2012〕96 号）	要求地方主管部门制定铬盐行业淘汰落后产能时间表；要求铬盐企业制定清洁生产技术改造计划	清洁生产政策
关于印发铬盐等 5 个行业清洁生产技术推行方案的通知	2011 年	工业和信息化部（工信部节〔2011〕381 号）	提出了铬盐行业清洁生产技术推行目标，介绍了 5 种成熟的或可应用推广的清洁生产技术	清洁生产政策

政策名称	时间	发文部门与文号	规定	政策类型
关于加强铬化合物行业管理的指导意见	2013 年	工业和信息化部、环境保护部(工信部联原〔2013〕327 号)	要求铬化合物生产建设必须严格执行环境保护法律法规，达到相关标准和规范的要求；坚持技术进步，严格执行有关产业政策，加快淘汰落后产能，推行清洁生产工艺，减少有毒铬渣产生，提高资源综合利用水平	综合管理政策
铬盐工业污染防治技术政策	2015 年	环境保护部公告 2015 年 第 90 号	对铬盐工业的固体废物利用率、废水回用率及生产工艺设备、末端治理工艺技术等都做了具体要求	技术规范指南

5.4.2 电石法聚氯乙烯行业

电石法聚氯乙烯是指利用电石遇水生成乙炔，将乙炔与氯化氢合成制出氯乙烯单体，再通过聚合反应使氯乙烯聚合成聚氯乙烯。聚氯乙烯在建筑材料、工业制品、日用品、地板革、地板砖、人造革、管材、电线电缆、包装膜、瓶、发泡材料、密封材料、纤维等方面均有广泛应用。电石法聚氯乙烯行业环境管理政策进展情况有以下几个方面（表 5-7）。

（1）鼓励采用低、无汞触媒或其他代替技术生产聚氯乙烯

《产业结构调整指导目录（2011 年本）》和《产业结构调整指导目录（2019 年本）》均将规模为 20 万 t/a 以下聚乙烯、乙炔法聚氯乙烯项目的工艺或设备列为限制类；将使用高汞催化剂的乙炔法聚氯乙烯生产装置列为淘汰类工艺或设备。为促进氯碱行业稳定健康发展、防止低水平重复建设，2007 年，国家发展改革委发布的《氯碱（烧碱、聚氯乙烯）行业准入条件》，从产业布局、规模、工艺与装备、能耗等角度提出准入要求，同时鼓励采用乙烯氧氯化法聚氯乙烯生产技术替代电石法聚氯乙烯生产技术，鼓励干法制乙炔、大型转化器、变压吸附、无汞触媒等电

石法聚氯乙烯工艺技术的开发和技术改造。鼓励新建电石渣制水泥生产装置采用新型干法水泥生产工艺。《禁止用地项目目录（2012 年本）》规定了禁止新建规模为 20 万 t/a 以下的聚乙烯、乙炔法聚氯乙烯项目。根据《产业发展与转移指导目录（2018 年本）》，使用含汞触媒的聚氯乙烯生产装置在辽宁、吉林、黑龙江三省属于引导逐步调整退出的产业，在陕西省属于引导不再承接的产业。

（2）推进聚氯乙烯行业汞污染物清洁生产改造

2010 年，工业和信息化部发布以削减聚氯乙烯行业汞污染物产生量为目标的《聚氯乙烯清洁生产技术推行方案》。为加快实施汞削减、铅削减和高毒农药替代清洁生产重点工程，从源头削减汞、铅和高毒农药等高风险污染物排放，2014 年，工业和信息化部、财政部联合发布的《高风险污染物削减行动计划》，规定了全面推广使用低汞触媒，优化原料气脱水及净化、氯乙烯合成转化器等技术和装备。鼓励采用高效脱汞器回收气相流失的汞、盐酸脱析技术对含汞废酸进行处理、离子交换等含汞废水深度处理技术回收废水中的汞。

（3）首次修订聚氯乙烯工业污染物排放标准、发布相关排污许可证申请与核发技术规范

2016 年，环境保护部发布了《烧碱、聚氯乙烯工业污染物排放标准》（GB 15581—2016）代替《烧碱、聚氯乙烯工业水污染物排放标准》（GB 15581—95），新建烧碱、聚氯乙烯工业企业自 2016 年 9 月 1 日起执行本标准，现有企业自 2018 年 7 月 1 日起执行本标准，2018 年 7 月 1 日前，现有企业仍执行《烧碱、聚氯乙烯工业水污染物排放标准》（GB 15581—95）、《大气污染物综合排放标准》（GB 16297—1996）和《工业炉窑大气污染物排放标准》（GB 9078—1996）中的相关规定。2019 年，生态环境部首次发布的《排污许可证申请与核发技术规范　聚氯乙烯工

业》(HJ 1036—2019),规定了聚氯乙烯工业企业主要排放口和许可排放量。

（4）推动聚氯乙烯汞污染综合防治

环境保护部于 2010 年印发了《关于加强电石法生产聚氯乙烯及相关行业汞污染防治工作的通知》，通知要求新建、改建、扩建的电石法聚氯乙烯生产项目必须使用低汞触媒。现有电石法聚氯乙烯生产装置在未完成低汞触媒替代高汞触媒前不得改建、扩建。逐步削减高汞触媒生产，2015 年年底前全面淘汰高汞触媒。在人口集中居住区、重要生态功能区、饮用水水源保护区以及其他环境敏感区域和《重金属污染综合防治规划（2010—2015)》划定的重点防控区，禁止新建、改建、扩建电石法聚氯乙烯生产、汞触媒生产及废汞触媒利用处置项目。电石法聚氯乙烯生产企业应每两年完成一轮清洁生产审核。推动现有废汞触媒利用处置企业朝集中化、规模化方向发展，实现技术升级。对含汞废物的收集、贮存、运输及利用处置开展监督性检查，严查危险废物转移联单与危险废物经营许可证的执行情况，坚决取缔含汞废物的无证非法回收与利用处置等经营性活动。废汞触媒、含汞废酸等的处置与转运必须执行国家危险废物有关管理规定，不得非法转运与出售。推行电石法聚氯乙烯行业环境污染责任保险制度。各级环境保护主管部门应积极利用绿色信贷、绿色证券、排污收费等相关经济政策的激励与约束作用。

表 5-7　电石法聚氯乙烯工业环境管理相关政策一览表

政策名称	时间	发文部门与文号	规定	政策类型
产业结构调整指导目录（2011 年本）	2011 年	国家发展改革委令 2011 年第 9 号	• 限制类：新建 20 万 t/a 以下聚乙烯、乙炔法聚氯乙烯项目。 • 淘汰类：高汞催化剂（氯化汞含量 6.5%以上）和使用高汞催化剂的乙炔法聚氯乙烯生产装置（2015 年）	产业政策

政策名称	时间	发文部门与文号	规定	政策类型
产业结构调整指导目录（2019年本）	2019年	国家发展改革委令2019年第29号	• 限制类：新建20万t/a以下聚乙烯、乙炔法聚氯乙烯项目。 • 淘汰类：使用高汞催化剂的乙炔法聚氯乙烯生产装置	产业政策
产业发展与转移指导目录（2018年本）	2018年	工业和信息化部公告2018年第66号	使用含汞触媒的聚氯乙烯生产装置在辽宁、吉林、黑龙江三省属于引导逐步调整退出的产业，在陕西省属于引导不再承接的产业	产业政策
氯碱（烧碱、聚氯乙烯）行业准入条件	2007年	国家发展改革委公告2007年第74号	• 企业布局：在风景名胜区、自然保护区、饮用水水源保护区和其他需要特别保护的区域内，城市规划区边界外2 km以内，主要河流两岸、公路、铁路、水路干线两侧，以及居民聚集区和其他严防污染的食品、药品、卫生产品、精密制造产品等企业周边1 km以内，国家及地方所规定的环保、安全防护距离内，禁止新建电石法聚氯乙烯和烧碱生产装置。 • 生产能力：新、改、扩建聚氯乙烯装置起始规模必须达到30万t/a及以上，配套水泥装置单套生产规模必须达到2 000 t/d及以上；现有电石法聚氯乙烯生产装置配套建设的电石渣制水泥生产装置规模必须达到1 000 t/d及以上。 • 工艺和装备：鼓励采用乙烯氧氯化法聚氯乙烯生产技术替代电石法聚氯乙烯生产技术，鼓励干法制乙炔、大型转化器、变压吸附、无汞触媒等电石法聚氯乙烯工艺技术的开发和技术改造。鼓励新建电石渣制水泥生产装置采用新型干法水泥生产工艺	产业政策
聚氯乙烯行业清洁生产技术推行方案	2010年	工业和信息化部（工信部节〔2010〕104号）	推广低触媒催化剂；加强科技创新，推动聚氯乙烯行业清洁生产技术进步；争取控氧干馏法回收废汞触媒中的氯化汞与活性炭技术及高效汞回收工艺的示范工程建设等	清洁生产政策
高风险污染物削减行动计划	2014年	工业和信息化部财政部（工信部联节〔2014〕168号）	电石法聚氯乙烯行业全面推广使用低汞触媒，优化原料气脱水及净化、氯乙烯合成转化器等技术和装备。鼓励采用高效脱汞器回收气相流失的汞、盐酸脱析技术对含汞废酸进行处理、离子交换等含汞废水深度处理技术回收废水中的汞	清洁生产政策

政策名称	时间	发文部门与文号	规定	政策类型
烧碱、聚氯乙烯工业污染物排放标准（GB 15581—2016）	2016年	环境保护部	规定了烧碱、氯碱工业企业生产过程中水污染物和大气污染物排放限值、监测和监控要求，以及标准的实施与监督等相关规定	固定源排污管理政策
排污许可证申请与核发技术规范 聚氯乙烯工业（HJ 1036—2019）	2019年	环境保护部	规定了聚氯乙烯行业排污单位基本情况填报要求、许可排放限值、实际排放量核算和合规判定的方法，以及自行监测环境管理要求、环境管理台账及排污许可证执行报告编制要求等	固定污染源管理政策
关于加强电石法生产聚氯乙烯及相关行业汞污染防治工作的通知	2011年	环境保护部（环发〔2011〕4号）	要求逐步降低聚氯乙烯行业用汞量	综合管理政策

5.5 电镀行业

电镀是众多表面处理技术中的一种，是对国民经济各行业发展起到重要作用的技术。电镀零件的基体来自上道制造工序，电镀是在基体材料表面获得金属镀层的主要技术。电镀技术在机械、电子、精密仪器、日用五金和国防工业等各个领域有广泛的应用。电镀镀种非常多，如单金属电镀、多金属复合电镀、合金电镀、化学镀、化学氧化膜、物理镀等。我国电镀生产涉及最广的是镀锌、镀铜、镀镍、镀铬。其中镀锌占45%～50%，镀铜、镀镍、镀铬占30%，电子产品镀铅、镀锡、镀金约占5%，磷化和氧化膜占10%～15%。电镀行业环境管理政策进展情况有以下几个方面（表 5-8）。

（1）鼓励电镀行业朝自动化、集中化、集约化方向发展

“水十条”要求，电镀等十大重点行业实施清洁化改造。“土十条”要求，重点监控电镀等 8 大重点行业，现有电镀企业加快提标升级改造步伐。《电镀行业规范条件》（工业和信息化部公告 2015 年第 64 号），从产业布局、规模、工艺和装备水平、资源消耗、环境保护、安全、职业卫生、人员素质、电镀集中区（电镀定点基地）、监督管理等方面提出了提高行业准入门槛、严格限制重金属污染排放的具体要求。2019 年，为贯彻落实党中央、国务院关于转变政府职能和深化“放管服”改革的指示精神，工业和信息化部发布公告废止了《电镀行业规范条件》。近年来，各地政府为了强化电镀行业管理，建立和筹划建立了电镀园区或电镀集中区，将过去零散的电镀企业集中在一个园区内，实行电镀生产的合理分工与协作，同时对产生的废水、废液和废渣统一收集、处理与处置。

《产业结构调整指导目录（2011 年本）》（2013 年修正）与《产业结构调整指导目录（2019 年本）》对电镀行业淘汰类的要求一致：①含有毒有害氰化物电镀工艺（电镀金、银、铜基合金及预镀铜打底工艺除外）；②含氰沉锌工艺。根据《产业发展与转移指导目录（2018 年本）》，电镀行业在北京市属于引导逐步调整退出的产业，在贵州省贵安新区属于不再承接的产业。根据《重点流域水污染防治规划（2016—2020 年）》，福建九龙江北溪东北引桥闸以上、西溪桥闸以上流域范围禁止新建、扩建电镀行业工业项目，以广东省电镀行业为重点，全面取缔不符合国家产业政策的小型、污染严重的生产项目。

（2）陆续出台推动电镀企业实施清洁生产改造的相关指导文件，整合修编电池行业清洁生产评价指标体系

2003 年 2 月，国家经济贸易委员会和国家环保总局出台的《国家重

点行业清洁生产技术导向目录（第二批）》，目录涉及有关电镀行业清洁生产技术，包括氯化钾镀锌技术、镀锌层低铬钝化技术、镀锌镍合金技术和低铬酸镀硬铬技术。其后，相关部门相继发布《电镀行业清洁生产评价指标体系（试行）》（国家发展改革委、国家环境保护总局公告 2005 年第 28 号）、《清洁生产标准 电镀行业》（HJ/T 314—2006）。为形成统一、系统、规范的清洁生产技术支撑文件体系，指导和推动企业依法实施清洁生产，2015 年 10 月，国家发展改革委等 3 部委联合发布《电镀行业清洁生产评价指标体系》（国家发展改革委、环境保护部、工业和信息化部公告 2015 年第 25 号），从生产工艺及装备、资源和能源消耗、资源综合利用、污染物产生、产品特征和清洁生产管理六类指标体系规定了电镀和阳极氧化企业（车间）清洁生产的一般要求，上述电镀行业清洁生产标准和评价指标体系作废。

（3）发布有关电镀的污染物排放标准、排污许可技术规范、排污单位自行监测技术指南、污染源源强核算技术指南

2008 年 6 月，环境保护部发布了《电镀污染物排放标准》（GB 21900—2008），于 2008 年 8 月 1 日起正式实施。2017 年，环境保护部首次发布的《排污许可证申请与核发技术规范 电镀工业》（HJ 855—2017），规定了主要排放口和许可排放量。《固定污染源排污许可分类管理名录（2017 年版）》规定，专业电镀企业（含电镀园区中电镀企业），专门处理电镀废水的集中处理设施应于 2017 年内申请排污许可证，电镀设施应在 2019 年内申请排污许可证。2018 年，生态环境部发布的《排污单位自行监测技术指南 电镀工业》（HJ 985—2018），对电镀工业企业和专门处理电镀废水的污水处理厂的废水、废气（包括有组织废气和无组织废气）监测指标及最低监测频次等提出了要求。同年，生态环境部发布的《污染源源强核算技术指南 电镀工业》

（HJ 984—2018），规定了电镀工业企业废气、废水、噪声、固体废物源强核算的基本原则、内容、方法及要求。

表 5-8　电镀行业环境管理相关政策一览表

政策名称	时间	发布部门与文号	规定	政策类型
产业发展与转移指导目录（2018 年本）	2018 年	工业和信息化部公告 2018 年第 66 号	电镀行业在北京市逐步引导退出，在海南省、河南省、贵州省属于不再承接产业	产业政策
重点流域水污染防治规划（2016—2020 年）	2017 年	环境保护部环水体〔2017〕142 号	福建九龙江北溪东北引桥闸以上、西溪桥闸以上流域范围禁止新建、扩建电镀行业工业项目；以广东省电镀行业为重点，全面取缔不符合国家产业政策的小型、污染严重的生产项目	产业政策
电镀行业规范条件	2015 年	工业和信息化部公告 2015 年第 64 号	• 产业布局：在已有电镀集中区的地市内，新建专业电镀企业原则上应全部进入电镀集中区。 • 企业生产规模：电镀生产环节包括清洗槽在内的槽液总量不少于 30 000 L；电镀生产年产值在 2 000 万元以上；单位作业面积产值不低于 1.5 万元/m^2；作为中间工序的企业自有车间不受规模限制。 • 企业布局：鼓励制革企业集中生产和集中治污。 • 工艺技术与装备：品种单一、连续性生产的电镀企业要求自动生产线、半自动生产线达到 70%以上；新（扩）建项目生产线配有多级逆流漂洗、喷淋等节水装置及槽液回收装置，槽、罐、管线按“可视、可控”原则布置，并设有相应的防破损、防腐蚀等防护措施	产业政策

政策名称	时间	发布部门与文号	规定	政策类型
产业结构调整指导目录（2019年本）	2019年	国家发展改革委令　第29号	淘汰类：含有毒有害氰化物电镀工艺（电镀金、银、铜基合金给予镀铜打底工艺除外）；含氰沉锌工艺	产业政策
电镀行业清洁生产评价指标体系	2015年	国家发展改革委 环境保护部 工业和信息化部 公告　2015年第25号	规定了电镀和阳极氧化企业（车间）清洁生产的一般要求，将清洁生产指标分为六类，即生产工艺及装备指标、资源和能源消耗指标、资源综合利用指标、污染物产生指标、产品特征指标和清洁生产管理指标	清洁生产政策
电镀工业污染物排放标准（GB 21900—2008）	2008年	环境保护部	规定了电镀企业水和大气污染排放限值、监测和监控要求，规定了水污染物特别排放限值	固定源排污管理政策
排污许可证申请与核发技术规范 电镀工业（HJ 855—2017）	2017年	环境保护部	规定了电镀工业排污单位以及专门处理电镀废水的集中式污水处理厂排污许可证申请与核发的基本情况和填报要求、许可排放限值确定、实际排放量核算、合规判定的方法、自行监测环境管理要求以及环境管理台账、排污许可证执行报告等编制要求，提出了电镀工业污染防治可行技术要求	固定污染源管理政策
排污单位自行监测技术指南 电镀工业（HJ 985—2018）	2018年	生态环境部	提出了电镀工业排污单位及专门处理电镀废水的集中式污水处理厂自行监测的一般要求、监测方案制定、信息记录和报告的基本内容及要求	固定污染源管理政策
污染源源强核算技术指南 电镀工业（HJ 984—2018）	2018年	生态环境部	规定了电镀工业源强核算程序，废水、废气、噪声、固体废物源强核算方法	固定污染源管理政策

6 加强重金属污染防治的对策建议

重金属污染防治是个长期而艰巨的任务，“十二五”时期，《重金属污染综合防治“十二五”规划》的制定和实施，基本遏制了重金属污染事件的高发态势。“十三五”时期，国家先后发布《土壤污染防治行动计划》《“十三五”生态环境保护规划》《关于加强涉重金属行业污染防控的意见》，继续把加强重点行业重金属污染治理、持续降低重金属污染物排放作为重要任务。经过近些年努力，我国部分区域和重点行业重金属污染综合整治取得一定成效，但我国采矿业、制造业的多个行业均涉及重金属污染物排放，涉重金属环境问题仍时有发生，形势依然不容乐观。“十四五”时期，应以防控重金属环境与健康风险为目标，聚焦重点重金属污染物、重点行业、重点区域，持续深入推进重金属污染防控，不断提升重金属监管能力、污染治理能力和风险防控能力。

6.1 健全重金属污染防治法律法规

研究制定硫铁矿等化学矿采选，黄金、钨、钼等有色金属废渣再生利用等工业污染物排放标准；研究制定重金属固体废物综合利用污染控制技术规范、污染控制标准；研究制定重金属废水、废气在线监测安装、运行、验收技术规范；结合当前环境管理需求和企业环境管理水平，研究修订铅、锌、铜、镍、钴、再生金属、电镀等工业污染物排放标准。

6.2 严格涉重金属重点行业环境准入

新建涉重金属重点行业企业实施铅、汞、镉、铬、砷等 5 种重金属排放量“等量替换”“减量替换”。研究探索按照区域环境质量状况实施重金属每日最大许可排放总量控制模式，通过固定污染源重金属污染物排放控制，探索实现基于从环境质量需求出发的涉重金属企业布局优化。鼓励各省推进电镀、皮革、电池等行业企业的入园管理，将企业入园进区与调整产业结构、清洁生产、工艺提升改造相结合，淘汰落后产能，加强园区管理水平。

6.3 提升涉重金属企业环境管理与监管水平

强化涉重金属企业各环节环境管理。加强涉重金属企业生产全过程污染管控，推进重点行业水、气、土、固重金属污染协同控制。深化废气无组织排放管控，研究提出具有针对性的浓度和总量管控要求，引导行业企业开展无组织排放收集治理。加强涉重金属固体废物再利用全过程污染管控。督促企业开展自行监测并依法向社会公开重金属污染物排放数据。

加强涉重金属行业企业监管监督。加强涉重金属行业企业与重金属历史遗留问题密集地区环境质量监测体系建设，逐步建立基于环境风险防控的监测预警制度。加强涉重金属废水、废气在线监测技术研发与运用。跟踪涉重金属产业转移承接地的行业环境管理情况，防止新增涉重金属散乱污企业。

6.4 深化重金属污染综合治理

聚焦铅、镉、砷等重点重金属污染物，在重点河流湖库、饮用水水源地、农田、城市建成区等敏感区域深入推进涉重金属企业污染综合治理，排查敏感区域及周边涉重金属企业对环境质量影响的风险点并逐步消除。

对于有色金属工业企业，推动有色金属等产业升级与技术革新，强化清洁生产审核，实施减排改造工程，加强达标排放管理。强化除水、气固定源排放外，原料堆放、固废堆放、地面冲洗等环节的污染管控，加强尾矿库、矿井涌水等污染治理。在有色金属冶炼集中区域，实行有色金属行业提标改造政策，实施一区一策，有效降低区域重金属排放强度。

针对电镀工业企业，开展电镀污染综合整治，排查取缔非法电镀企业。树立电镀企业绿色化发展样板企业、样板园区，带动全国电镀行业治理升级改造。

6.5 推进涉重金属历史遗留问题解决

跟踪衔接各类专项治理、排查工作，梳理排查无主有色金属尾矿库、无主有色金属矿坑隆口、无主采选冶废渣等历史遗留重金属污染和重金属风险隐患，摸清污染分布、污染问题严重程度和风险水平。集中力量优先解决风险隐患突出的历史遗留重金属污染问题；对于短时间难以彻底解决的，进行风险管控。

附 录

附录 1　关于加强涉重金属行业污染防控的意见

环土壤〔2018〕22 号

自《重金属污染综合防治“十二五”规划》实施以来，重金属污染防治取得积极成效。但重金属污染防控总体形势依然不容乐观，一些地区重金属污染严重，威胁群众健康和农产品质量安全，社会反映强烈。为加强涉重金属行业污染防控，现提出以下意见。

一、总体要求

（一）指导思想。全面贯彻落实党的十九大精神，树立和践行绿水青山就是金山银山的理念，按照全面建成小康社会实现生态环境质量总体改善的要求，聚焦重点行业、重点地区和重点重金属污染物，坚决打好重金属污染防治攻坚战。

（二）目标任务。到 2020 年，全国重点行业的重点重金属污染物排放量比 2013 年下降 10%；集中解决一批威胁群众健康和农产品质量安全的突出重金属污染问题，进一步遏制“血铅事件”、粮食镉超标风险；建立企事业单位重金属污染物排放总量控制制度。

（三）工作重点。重点行业包括重有色金属矿（含伴生矿）采选业（铜、铅、锌、镍、钴、锡、锑和汞矿采选业等）、重有色金属冶炼业（铜、铅、锌、镍、钴、锡、锑和汞冶炼等）、铅蓄电池制造业、皮革及其制品业（皮革鞣制加工等）、化学原料及化学制品制造业（电石法聚氯乙烯行业、铬盐行业等）、电镀行业。重点重金属污染物包括铅、汞、镉、铬和类金属砷。进一步聚焦铅、锌矿采选、铜矿采选以及铅、锌冶炼、铜冶炼等涉铅、涉镉行业；进一步聚焦铅、镉减排，在各重点重金属污染物排放量下降前提下，原则上优先削减铅、镉；进一步聚焦群众反映强烈的重金属污染区域。

二、建立全口径涉重金属重点行业企业清单

各省（区、市）环保厅（局）要结合排污许可制度的实施工作，充分利用土壤污染状况详查有关重点污染源信息，组织全面排查本省（区、市）内涉重金属重点行业企业，建立全口径涉重金属重点行业企业清单（以下简称全口径清单），于 2018 年 9 月底前通过全国排污许可证管理信息平台报送生态环境部；并在省（区、市）环保厅（局）网站上公布，接受社会监督。

在产企业、停产企业、未纳入环境统计范围的企业、环境影响评价文件不齐全的企业、2014 年及以后已关闭的企业等均应纳入全口径清单。全口径清单实行动态管理，新、改、扩建涉重金属重点行业生产项目必须及时纳入，已关闭企业名单应在全口径清单中单列。

生态环境部将对各省（区、市）报送的全口径清单组织随机抽查，对弄虚作假、瞒报新、改、扩建企业和虚报企业的，予以通报批评，并严肃处理。

三、分解落实减排指标和措施

各省（区、市）人民政府要依照《土壤污染防治目标责任书》，将重金属减排目标任务分解落实到有关涉重金属重点行业企业，明确相应的减排措施和工程，建立企事业单位重金属污染物排放总量控制制度；以设区的市为单位汇总各涉重金属企业减排目标任务，并作为对各设区的市重金属污染物减排的考核目标。减排措施和工程包括淘汰落后产能、工艺提升改造、清洁生产技术改造、实行特别排放限值等。坚决淘汰铅、锌冶炼行业的烧结-鼓风炉炼铅工艺等不符合国家产业政策的落后生产工艺装备。依法全面取缔不符合国家产业政策的制革、炼砷、电镀等严重污染水环境的生产项目。加大铅、锌和铜冶炼行业工艺提升改造力度，重点包括对铅冶炼企业富氧熔炼-鼓风炉还原工艺（SKS 工艺）实施鼓风炉设备改造，对锌冶炼企业竖罐炼锌设备进行改造替代，对铜冶炼企业实施转炉吹炼工艺提升改造。对有色金属、电镀、制革行业实施清洁化改造，制革行业实施铬减量化或封闭循环利用技术改造。落实《土壤污染防治行动计划》有关要求，对矿产资源开发活动集中的区域，严格执行重点重金属污染物特别排放限值。

各省（区、市）环保厅（局）应组织建立排污许可证核发部门与重金属环境管理部门协调会商机制，确保涉重金属重点行业企业减排目标和管理要求纳入排污许可证，实现排污许可证核发与重金属减排工作有效衔接。

生态环境部加快修订完善铅、锌工业、铜镍、钴工业、锡锑汞工业等涉重金属行业污染物排放标准，控制铊等重金属污染物排放。

四、严格环境准入

各省（区、市）环保厅（局）要对本省（区、市）的所有新、改、扩建涉重金属重点行业项目进行统筹考虑。新、改、扩建涉重金属重点行业建设项目必须遵循重点重金属污染物排放“减量置换”或“等量替换”的原则，应在本省（区、市）行政区域内有明确具体的重金属污染物排放总量来源。无明确具体总量来源的，各级环保部门不得批准相关环境影响评价文件。

对全口径清单内的企业落实减排措施和工程削减的重点重金属污染物排放量，经监测并可核实的，可作为涉重金属行业新、改、扩建企业重金属污染物排放总量的来源；实施总量替代的，其替代方案应纳入全口径清单企业信息。

严格控制在优先保护类耕地集中区域新、改、扩建增加重金属污染物排放的项目。现有相关行业企业要采用新技术、新工艺，加快提标升级改造步伐。

五、开展重金属污染整治

开展涉镉等重金属行业企业排查整治。各省（区、市）环保厅（局）要以铅、锌铜采选、冶炼集中区域及耕地重金属污染突出区域为重点，聚焦涉镉等重金属行业企业，开展污染源排查整治，严厉打击涉重金属非法排污企业，切断重金属污染物进入农田的链条。

各省（区、市）环保厅（局）依据《关于实施工业污染源全面达标排放计划的通知》（环环监〔2016〕172 号），推动涉重金属企业实现全面达标排放；依法整治无危险废物经营许可证等非法从事含铅、含铜、含锌等危险废物经营活动的铅、锌冶炼、铜冶炼企业；督促涉重金属企业按照排污单位自行监测技术指南总则和分行业指南，开展自行监测，包括对所属涉重金属尾矿库排污口和周边环境进行监测，依法向社会公开重金属污染物排放数据，并对数据真实性负责；加强铅、锌采选等有色金属采选行业选矿环节、产品堆存场所等的无组织排放的治理；加强铜、锌湿法冶炼行业浸出渣、堆浸渣等废物渣场的规范化管理，采取防渗漏、防雨淋、防流失措施；开展矿山、冶炼厂周边以低品位矿石或废渣为原料进行选冶等加工后废渣无序排放问题的治理；强化涉重金属尾矿库环境风险管理，完善雨污分流设施，切断尾矿库废水灌溉农田的途径，对周边有耕地等环境敏感受体的干排尾矿库要设置防尘网或采取其他扬尘治理措施，采取截洪、截污、防渗等措施严防威胁周边及下游饮用水水源安全；组织电石法聚氯乙烯行业企业制定并实施用汞强度减半方案。有关重点地区应组织开展金属矿采选冶炼、钢铁等典型行业和贵州黔西南布依族苗族自治州等典型地区铊污染排放调查，制定铊污染防治方案。

各省（区、市）环保厅（局）要督促市县人民政府，以铅、锌采选、冶炼等有色金属企业为重点，加强源头装载治理，防治超限超载车辆出厂上路，防范矿石遗洒、碾压导致的重金属污染；指导和督促市县人民政府，以重有色金属矿区为重点，推动矿区重金属污染防控与国土绿化行动、乡村振兴战略、脱贫攻坚有机结合。

六、严格执法

地方各级环保部门应按照“双随机、一公开”的原则，对行政区内所有涉重金属行业企业及相关堆场、尾矿库等设施开展监督性监测，加快建立并实施监测与执法同步的测管协同模式。

对不正常运行防治污染设施等逃避监管的方式违法排放污染物的，依据环境保护相关法律法规给予行政处罚；对违反《环境保护法》第六十三条规定的，及时移送公安机关予以行政拘留处罚。

对非法排放、倾倒、处置含铅、汞、镉、铬、砷等重金属污染物，涉嫌犯罪的，按照《环境保护行政执法与刑事司法衔接工作办法》的要求，及时移送公安机关依法追究刑事责任。

对污染严重、群众反映强烈、长期未得到解决的典型环境违法问题，一律实施挂牌督办。对包庇、纵容环境违法犯罪行为的，或者不依法向公安机关移送案件的环保部门人员，依法严肃追究责任。

七、强化考核和督导

生态环境部将把涉重金属行业污染防控作为《土壤污染防治行动计划》实施情况评估考核的重要内容，严格考核重点行业重点重金属污染物减排目标任务完成情况、防范耕地重金属土壤污染导致农产品质量超标事件情况、防范涉重金属突发环境事件情况以及涉重金属行业“散乱污”治理情况等。

各省（区、市）环保厅（局）要针对行政区域内突出重金属污染问题，制定有重点、有针对性的工作方案，确保按期完成各项目标任务。工作方案应于 2018 年 9 月 30 日前报送生态环境部备案。

生态环境部将定期调度各省（区、市）涉重金属重点行业企业减排措施、工程完成情况和减排效果，对进展滞后的地区，实施预警；根据各省（区、市）涉重金属行业污染防控进展情况，适时开展专项执法行动。对重金属污染防控工作不力、土壤重金属环境问题突出、群众反映强烈的地区，约谈有关地市级人民政府和省级人民政府相关部门主要负责人。

附录2 重点重金属污染物排放量控制目标完成情况评估细则（试行）

环办固体〔2019〕38号

为落实《土壤污染防治行动计划》《关于加强涉重金属行业污染防控的意见》（以下简称《意见》）关于“2020年重点行业的重点重金属污染物排放量比2013年下降10%”的要求，规范重点行业重点重金属污染物减排核算和核查，指导重点重金属污染物排放量控制目标评估，制定本细则。

一、总体思路

以涉重金属重点行业企业全口径清单为基础，有效衔接固定源排污许可制度，对重点行业企业减排实施分类管理和评估，将重金属污染物减排目标任务分解落实到重点行业企业，通过实施减排工程项目，实现重金属污染物排放量下降，探索建立企事业单位重金属污染物排放总量控制制度。

二、分类管理和评估具体要求

第一类企业，指2013年在产和停产的所有企业。到2020年，各省（区、市）第一类企业应完成土壤污染防治目标责任书规定的重点重金属污染物排放量削减目标。

第二类企业，指2014年1月1日以后建成投产，且环境影响评价批复时间在《意见》印发（2018年4月17日）前的企业。到2020年，各省（区、市）第二类企业重点重金属污染物排放量应削减 10%。各省（区、市）可将第一类企业超额减排量用作第二类企业减排量来源。

第三类企业，指《意见》印发（2018 年 4 月 17 日）后批复环境影响评价的涉重金属重点行业企业（项目）。第三类企业应严格实施重点重金属污染物排放量“减量置换”或“等量替换”。对未按要求落实总量替代的，按照建设项目排放量扣减减排量，并对相关地区予以通报批评。

三、重点重金属污染物排放量减排比例的核算方法

重点重金属污染物排放量为重点行业企业废水与废气中铅、镉、汞、砷、铬五种重金属污染物许可排放量之和。

重点重金属污染物排放量减排比例，是以重点重金属污染物减排量除以基础排放量核算。重点重金属污染物减排量是各项工程削减量减去新增排放量。

（一）基础排放量

第一类企业的基础排放量指该类企业 2013 年的排放量；第二类企业的基础排放量指该类企业建成投产当年的排放量。企业投产当年生产时间不足一年的应核算全年基础排放量。

1. 核算方法

（1）已发布排污许可证申请与核发技术规范的重点行业中需申领排污许可证的企业，可参照排污许可证申请与核发技术规范核算基础排放量。已经核发排污许可证的企业，直接采用排污许可证确定的许可排放量作为基础排放量。

（2）未发布排污许可证申请与核发技术规范的重点行业或无须申领

排污许可证的企业，可采用环境影响评价文件和批复确定的排放量作为基础排放量。环境影响评价文件和批复不一致的，采用批复值。环境影响评价文件和批复均未规定的，按照产排污系数与对应的产品产能核算基础排放量。产排污系数可按照“十二五”时期重金属污染物排放量考核的产排污系数或第二次污染源普查产排污系数手册取值。

（3）上述核算方法均不适用的，按照一事一议原则，由省级生态环境部门研究提出核算意见，报生态环境部核定。

2．特殊情况的处理

（1）已经核发排污许可证的企业，若发证前进行过改、扩建的，应按照排污许可证申请与核发技术规范核算企业改、扩建前的基础排放量。

（2）未采用排污许可证确定的许可排放量核算基础排放量的企业，领取排污许可证后应当根据排污许可证进行调整。

（二）新增排放量

新增排放量指第一类企业、第二类企业实施改、扩建后，新增产能对应的重点重金属污染物排放量。新增排放量核算方法与基础排放量的核算方法相同。

（三）工程削减量

工程削减量指企业通过实施落后产能淘汰、生产工艺提升改造、治理设施提标改造等减排工程项目，减少的可监测可核实的重点重金属污染物排放量。

1．落后产能淘汰项目

（1）核算条件

能够提供企业全部或部分生产设施永久性关停的有效证明材料，至少包括下列材料之一：政府淘汰关闭文件、确认关停的公示文件、破产文件、吊销营业执照、注销（吊销）排污许可证、注销生产许可证等材料。没有上述材料的，需提供“两断三清”证明、企业关停或生产设施拆除前后影像图片、环境监察记录等可相互佐证及核实的材料。2014年、2015年重金属专项规划考核认定的淘汰企业无须提供上述材料。其他无法提供上述材料或无法根据所提交的材料核算排放量的关停企业，按照散乱污企业单独统计，不纳入工程削减量核算范围。

（2）核算方法

按照淘汰生产设施产能占全部产能的比例核算工程削减量。

2．生产工艺提升改造和治理设施提标改造项目

（1）核算条件

项目应有符合环境管理或规范要求、能够证明改造后生产工艺和治理设施连续稳定运行的材料，包括可行性研究文件和初步设计文件之一、环境影响评价及批复（或备案）文件、项目验收文件、日常监测报告等证明材料。

对于日常执法检查、强化监督等工作中发现评估期内治理设施不正常运转的、监测数据弄虚作假的、超标排污的，不计削减量。

（2）核算方法

①已核发排污许可证的企业，根据减排项目变更许可证的，按照减排项目实施前后企业排污许可证确定的许可排放量差值核算工程削减量。

②未核发排污许可证的企业，按照减排项目实施前后企业环境影响评价批复确定的许可排放量差值核算工程削减量。

③环境影响评价文件及批复未规定排放量、以及实施环境影响评价备案的减排工程，按照减排项目实施前后重金属污染物去除率变化核

算，即以减排项目实施前企业的许可排放量为基础，计算重金属污染物去除率提高带来的工程削减量。企业含重金属生产废水直接进入工业园区污水集中处理设施的，以园区污水集中处理设施的重金属污染物去除率作为企业的重金属污染物去除率。重金属污染物去除率可以采用工程可行性研究文件或初步设计文件的测算值，但有行业规范的应参照相关行业污染防治可行技术指南或污染源源强核算技术指南进行校核。

未根据排污许可证或环境影响评价核算的工程削减量，需通过地方政府或生态环境主管部门发布的排污单位总量控制指标文件，将核算确定的工程削减量落实到企业重金属污染物排放总量指标。

④用于第三类企业等量替换来源的重金属污染物削减量不能重复计入工程减排量，实施减量置换的多余重金属污染物削减量可计入工程减排量。

四、有关工作要求

（一）开展重金属减排完成进度评估

2019 年 5 月底前，各省（区、市）按照分类管理和评估要求完成全口径清单企业分类统计，填报附表 1-5 信息，建立涉重金属重点行业减排评估数据库，完成基础排放量、2014—2018 年新增排放量和工程削减量核算，报生态环境部审核。

2019 年 6 月底前，各省（区、市）配合生态环境部开展重金属污染物排放量的校验与核定工作，核实第三类企业重金属污染物排放量及总量替换来源，完成 2018 年重点行业重点重金属污染物排放量控制目标完成情况评估。

对无法提供有效佐证材料或无法核算削减量的散乱污关停企业、采选企业矿井涌水治理及含重金属固废污染治理等项目，各省（区、市）应做好统计汇总，单独建立企业（工程）清单，作为2020年重金属减排成效评估的重要参考。

（二）定期调度减排工程完成情况

各省（区、市）要提前谋划，研究制定重金属减排工程年度实施计划，明确2019—2020年年度减排目标，分解落实减排任务，建立重金属减排工程项目清单，加强减排工程的调度和督导。自2019年第三季度起，每季度第1个月10日前将上一季度重金属减排工程进展情况的电子文档报送生态环境部（zjs@mee.gov.cn）。

（三）加强与排污许可证核发的衔接

各省（区、市）要将涉重金属重点行业企业重金属污染物排放量和管理要求纳入排污许可证，实现排污许可证核发与重金属减排工作的有效衔接。评估中核定的工程削减量，应作为确定企业许可排放量的依据。

附录 3　历年《环境保护综合名录》涉重金属部分摘录

涉及重金属	2013 年	2014 年	2015 年	2017 年
砷	砷酸、偏砷酸、焦砷酸、三氧化二砷、五氧化二砷、三氟化砷、三碘化砷、三溴化砷、亚砷酸钠、亚砷酸钾、亚砷酸钙、亚砷酸锶、亚砷酸钡、亚砷酸铁、亚砷酸铜、亚砷酸锌、亚砷酸铅、亚砷酸锑、砷酸铵、砷酸氢二铵、砷酸钠、砷酸氢二钠、砷酸二氢钠、砷酸钾、砷酸二氢钾、砷酸镁、砷酸钙、砷酸钡、砷酸铁、砷酸亚铁、砷酸铜、砷酸锌、砷酸铅、砷酸锑、偏砷酸钠、亚砷酸银、砷酸银、砷化氢、砷化锌、砷化镓、乙酰亚砷酸铜、三乙基砷酸酯、砷（43 个）	砷酸、偏砷酸、焦砷酸、砷化锌、三氧化二砷、五氧化二砷、三氟化砷、三溴化砷、三碘化砷、砷化氢、砷酸铵、砷酸氢二铵、砷酸钠、砷酸氢二钠、砷酸二氢钠、砷酸钾、砷酸二氢钾、砷酸镁、砷酸钙、砷酸钡、砷酸铁、砷酸亚铁、砷酸铜、砷酸锌、砷酸铅、砷酸锑、砷酸银、亚砷酸钠、亚砷酸钾、亚砷酸钙、亚砷酸锶、亚砷酸钡、亚砷酸铁、亚砷酸铜、亚砷酸锌、亚砷酸铅、亚砷酸锑、亚砷酸银、偏砷酸钠、砷、砷化镓、三乙基砷酸酯、乙酰亚砷酸铜（43 个）	砷酸、偏砷酸、焦砷酸、砷化锌、三氧化二砷、五氧化二砷、三氯化砷、三氟化砷、三溴化砷、三碘化砷、砷化氢、砷酸铵、砷酸氢二铵、砷酸钠、砷酸氢二钠、砷酸二氢钠、砷酸钾、砷酸二氢钾、砷酸镁、砷酸钙、砷酸钡、砷酸铁、砷酸亚铁、砷酸铜、砷酸锌、砷酸铅、砷酸锑、砷酸银、亚砷酸钠、亚砷酸钾、亚砷酸钙、亚砷酸锶、亚砷酸钡、亚砷酸铁、亚砷酸铜、亚砷酸锌、亚砷酸铅、亚砷酸锑、亚砷酸银、偏砷酸钠、砷、砷化镓、三乙基砷酸酯、乙酰亚砷酸铜（44 个）	砷酸、偏砷酸、焦砷酸、砷化锌、三氧化二砷、五氧化二砷、三氯化砷、三氟化砷、三溴化砷、三碘化砷、砷化氢、砷酸铵、砷酸氢二铵、砷酸钠、砷酸氢二钠、砷酸二氢钠、砷酸钾、砷酸二氢钾、砷酸镁、砷酸钙、砷酸钡、砷酸铁、砷酸亚铁、砷酸铜、砷酸锌、砷酸铅、砷酸锑、砷酸银、亚砷酸钠、亚砷酸钾、亚砷酸钙、亚砷酸锶、亚砷酸钡、亚砷酸铁、亚砷酸铜、亚砷酸锌、亚砷酸铅、亚砷酸锑、亚砷酸银、偏砷酸钠、砷、砷化镓、三乙基砷酸酯、乙酰亚砷酸铜（44 个）

涉及重金属	2013 年	2014 年	2015 年	2017 年
铅	环烷酸铅、辛酸铅、异辛酸铅、硬脂酸铅、铅铬黄、醋酸铅、松香铅皂、碱式碳酸铅白、一氧化铅、含铅、铬的阴极电泳涂料、硅酸铅、氟化铅、四氟化铅、氰化铅、硅酸铅、亚砷酸铅、砷酸铅、硒化铅、铬酸铅、氟硼酸铅、四甲基铅、四乙基铅、以铅化合物为基本成分的抗震剂、硫酸铅、硝酸铅、烧结锅—鼓风炉工艺生产的铅、极板含镉类铅酸蓄电池、开口式普通铅酸蓄电池、铅酸蓄电池零部件、管式铅蓄电池(31 个)	硒化铅、一氧化铅、四氧化（三）铅、硫酸铅、硝酸铅、铬酸铅、砷酸铅、亚砷酸铅、氟化铅、四氟化铅、氰化铅、硅酸铅、氟硼酸铅、环烷酸铅、辛酸铅、异辛酸铅、硬脂酸铅、醋酸铅、四甲基铅、四乙基铅、铅铬黄、碱式碳酸铅白、松香铅皂、铅铬黄、碱式碳酸铅白、以铅化合物为基本成分的抗震剂、铅、（不规范回收）再生铅、极板含镉类铅酸蓄电池、开口式普通铅酸蓄电池、管式铅蓄电池（灌浆或挤膏工艺除外）、铅酸蓄电池零部件（31 个）	硒化铅、一氧化铅、四氧化（三）铅、硫酸铅、硝酸铅、铬酸铅、砷酸铅、亚砷酸铅、氟化铅、四氟化铅、氰化铅、硅酸铅、氟硼酸铅、环烷酸铅、辛酸铅、异辛酸铅、硬脂酸铅、醋酸铅、四甲基铅、四乙基铅、含铅、铬的阴极电泳涂料、松香铅皂、铅铬黄、碱式碳酸铅白、以铅化合物为基本成分的抗震剂、铅、（不规范回收）再生铅、极板含镉类铅酸蓄电池、开口式普通铅酸蓄电池、管式铅蓄电池（灌浆或挤膏工艺除外）、铅酸蓄电池零部件（32 个）	硒化铅、一氧化铅、四氧化（三）铅、硫酸铅、硝酸铅、铬酸铅、砷酸铅、亚砷酸铅、氟化铅、四氟化铅、氰化铅、硅酸铅、氟硼酸铅、环烷酸铅、辛酸铅、异辛酸铅、硬脂酸铅、醋酸铅、四甲基铅、四乙基铅、松香铅皂、含铅、铬的阴极电泳涂料、含铅的道路标线涂料、铅铬黄、碱式碳酸铅白、以铅化合物为基本成分的抗震剂、铅、再生铅（不规范回收）、极板含镉类铅酸蓄电池、开口式普通铅酸蓄电池、管式铅蓄电池（灌浆或挤膏 工艺除外）、铅酸蓄电池零部件(33 个)

涉及重金属	2013 年	2014 年	2015 年	2017 年
汞	含汞农药、含汞油漆、氯化汞触媒、含汞催化剂生产工艺生产的聚氨基甲酸乙酯、溴化汞、二碘化汞、混汞法工艺生产的金、氧化汞原电池及电池组、锌汞电池、含汞圆柱形碱锰电池、含汞锌粉、含汞量高于 0.000 5%的扣式碱性锌锰电池、含汞浆层纸、含汞量高于 0.000 5%的纸板锌锰电池、含汞量高于 0.01%的糊式锌锰电池、含汞量高于 0.000 5%的锌—空气电池、含汞量高于 0.000 5%的锌—氧气银电池、充汞式玻璃体温计、充汞式血压计、含汞晴雨表、含汞流量计、含汞压力表、含汞干湿计/湿度表、含汞高温计、含汞非医用温度计、含汞开关和继电器、高压汞灯、银汞齐齿科材料、含汞消毒剂（杀菌剂、防腐剂、生物杀灭剂）（29 个）	硝酸汞、溴化汞、二碘化汞、含汞农药、含汞油漆、氯化汞触媒、含汞消毒剂（杀菌剂、防腐剂、生物杀灭剂）、银汞齐齿科材料、含汞锌粉、充汞式玻璃体温计、充汞式血压计、含汞开关和继电器、氧化汞原电池及电池组、锌汞电池、含汞圆柱形碱锰电池、含汞量高于 0.000 5%的纸板锌锰电池、含汞量高于 0.01%的糊式锌锰电池、含汞量高于 0.000 5%的锌—氧气银电池、含汞量高于 0.000 5%的锌—空气电池、含汞量高于 0.000 5%的扣式碱性 锌锰电池、含汞浆层纸、高压汞灯、含汞高温计、含汞非医用温度计、含汞压力表、含汞流量计、含汞干湿计/湿度表、含汞晴雨表（29 个）	硝酸汞、溴化汞、二碘化汞、含汞农药、含汞油漆、氯化汞触媒、含汞消毒剂（杀菌剂、防腐剂、生物杀灭剂）、银汞齐齿科材料、含汞锌粉、充汞式玻璃体温计、充汞式血压计、含汞开关和继电器、氧化汞原电池及电池组、锌汞电池、含汞圆柱形碱锰电池、含汞量高于 0.000 5%的纸板锌锰电池、含汞量高于 0.01%的糊式锌锰电池、含汞量高于 0.000 5%的锌—氧气银电池、含汞量高于 0.000 5%的锌—空气电池、含汞量高于 0.000 5%的扣式碱性锌锰电池、含汞浆层纸、高压汞灯、含汞高温计、含汞非医用温度计、含汞压力表、含汞流量计、含汞干湿计/湿度表、含汞晴雨表（30 个）	氧化汞、硝酸汞、溴化汞、二碘化汞、氰化汞、硫氰酸汞、含汞农药、含汞油漆、氯化汞触媒、含汞消毒剂（杀菌剂、防腐剂、生物杀灭剂）、银汞齐齿科材料、含汞锌粉、充汞式玻璃体温计、充汞式血压计、含汞开关和继电器、氧化汞原电池及电池组、锌汞电池、含汞圆柱形碱锰电池、含汞量高于 0.000 5%的纸板锌锰电池、含汞量高于 0.01%的糊式锌锰电池、含汞量高于 0.000 5%的锌—氧气银电池、含汞量高于 0.000 5%的锌—空气电池、含汞量高于 0.000 5%的扣式碱性锌锰电池、含汞浆层纸、高压汞灯、含汞高温计、含汞非医用温度计、含汞压力表、含汞流量计、含汞干湿计/湿度表、含汞晴雨表（33 个）

涉及重金属	2013 年	2014 年	2015 年	2017 年
铬	铅铬黄、钼铬红、冷轧钢板表面钝化含铬处理剂、镀锌钢板表面钝化含铬处理剂、含铅、铬的阴极电泳涂料、重铬酸钠、重铬酸钾、重铬酸铵、铬酸钾、铬酸钠、铬酸铵、铬酸锶、铬酸铅、硝酸铬、三氧化铬、有钙焙烧、氢氧化铬炉外冶炼法生产的金属铬、镁铬砖（17 个）	三氧化铬、硝酸铬、铬酸铅、铬酸钠、重铬酸钠、铬酸钾、重铬酸钾、铬酸铵、重铬酸铵、铬酸锶、含铅、铬的阴极电泳涂料、铅铬黄、钼铬红、冷轧钢板表面钝化含铬处理剂、镀锌钢板表面钝化含铬处理剂、镁铬砖、金属铬、镀铬相关产品（三价铬镀铬工艺除外）（18 个）	三氧化铬、硝酸铬、铬酸铅、铬酸钠、重铬酸钠、铬酸钾、重铬酸钾、铬酸铵、重铬酸铵、铬酸锶、含铅、铬的阴极电泳涂料、铅铬黄、钼铬红、冷轧钢板表面钝化含铬处理剂、镀锌钢板表面钝化含铬处理剂、镁铬砖、金属铬、镀铬相关产品（三价铬镀铬工艺除外）（18 个）	三氧化铬、硝酸铬、铬酸铅、铬酸钠、重铬酸钠、铬酸钾、重铬酸钾、铬酸铵、重铬酸铵、铬酸锶、含铅、铬的阴极电泳涂料、铅铬黄、钼铬红、冷轧钢板表面钝化含铬处理剂、镀锌钢板表面钝化含铬处理剂、镁铬砖、金属铬、镀铬相关产品（三价铬镀铬工艺除外）（18 个）
镉	镉黄、镉红、氟化镉、氰化镉、硒化镉、碲化镉、氟硼酸镉、镉镍电池、极板含镉类铅酸蓄电池（9 个）	硒化镉、氟化镉、氰化镉、氟硼酸镉、碲化镉、镉黄、镉红、极板含镉类铅酸蓄电池、镉镍电池（9 个）	硒化镉、氟化镉、氰化镉、氟硼酸镉、碲化镉、镉黄、镉红、极板含镉类铅酸蓄电池、镉镍电池（9 个）	硒化镉、氟化镉、氰化镉、氟硼酸镉、碲化镉、镉黄、镉红、极板含镉类铅酸蓄电池、镉镍电池（9 个）

附录 4 《国家危险废物名录》涉及重金属污染物或重点行业部分摘录

废物类别	行业来源	废物代码	危险废物	危险特性
HW17 表面处理废物	金属表面处理及热处理加工	336-050-17	使用氯化亚锡进行敏化处理产生的废渣和废水处理污泥	T
		336-051-17	使用氯化锌、氯化铵进行敏化处理产生的废渣和废水处理污泥	T
		336-052-17	使用锌和电镀化学品进行镀锌产生的废槽液、槽渣和废水处理污泥	T
		336-053-17	使用镉和电镀化学品进行镀镉产生的废槽液、槽渣和废水处理污泥	T
		336-054-17	使用镍和电镀化学品进行镀镍产生的废槽液、槽渣和废水处理污泥	T
		336-055-17	使用镀镍液进行镀镍产生的废槽液、槽渣和废水处理污泥	T
		336-056-17	使用硝酸银、碱、甲醛进行敷金属法镀银产生的废槽液、槽渣和废水处理污泥	T
		336-057-17	使用金和电镀化学品进行镀金产生的废槽液、槽渣和废水处理污泥	T
		336-058-17	使用镀铜液进行化学镀铜产生的废槽液、槽渣和废水处理污泥	T
		336-059-17	使用钯和锡盐进行活化处理产生的废渣和废水处理污泥	T
		336-060-17	使用铬和电镀化学品进行镀黑铬产生的废槽液、槽渣和废水处理污泥	T

废物类别	行业来源	废物代码	危险废物	危险特性
HW17 表面处理废物	金属表面处理及热处理加工	336-061-17	使用高锰酸钾进行钻孔除胶处理产生的废渣和废水处理污泥	T
		336-062-17	使用铜和电镀化学品进行镀铜产生的废槽液、槽渣和废水处理污泥	T
		336-063-17	其他电镀工艺产生的废槽液、槽渣和废水处理污泥	T
		336-064-17	金属和塑料表面酸（碱）洗、除油、除锈、洗涤、磷化、出光、化抛工艺产生的废腐蚀液、废洗涤液、废槽液、槽渣和废水处理污泥	T/C
		336-066-17	镀层剥除过程中产生的废液、槽渣及废水处理污泥	T
		336-067-17	使用含重铬酸盐的胶体、有机溶剂、黏合剂进行漩流式抗蚀涂布产生的废渣及废水处理污泥	T
		336-068-17	使用铬化合物进行抗蚀层化学硬化产生的废渣及废水处理污泥	T
		336-069-17	使用铬酸镀铬产生的废槽液、槽渣和废水处理污泥	T
		336-101-17	使用铬酸进行塑料表面粗化产生的废槽液、槽渣和废水处理污泥	T
HW21 含铬废物	毛皮鞣制及制品加工	193-001-21	使用铬鞣剂进行铬鞣、复鞣工艺产生的废水处理污泥	T
		193-002-21	皮革切削工艺产生的含铬皮革废碎料	T
	基础化学原料制造	261-041-21	铬铁矿生产铬盐过程中产生的铬渣	T
		261-042-21	铬铁矿生产铬盐过程中产生的铝泥	T

废物类别	行业来源	废物代码	危险废物	危险特性
HW21 含铬废物	基础化学原料制造	261-043-21	铬铁矿生产铬盐过程中产生的芒硝	T
		261-044-21	铬铁矿生产铬盐过程中产生的废水处理污泥	T
		261-137-21	铬铁矿生产铬盐过程中产生的其他废物	T
		261-138-21	以重铬酸钠和浓硫酸为原料生产铬酸酐过程中产生的含铬废液	T
	铁合金冶炼	315-001-21	铬铁硅合金生产过程中集（除）尘装置收集的粉尘	T
		315-002-21	铁铬合金生产过程中集（除）尘装置收集的粉尘	T
		315-003-21	铁铬合金生产过程中金属铬冶炼产生的铬浸出渣	T
	金属表面处理及热处理加工	336-100-21	使用铬酸进行阳极氧化产生的废槽液、槽渣及废水处理污泥	T
	电子元件制造	397-002-21	使用铬酸进行钻孔除胶处理产生的废渣和废水处理污泥	T
HW22 含铜废物	玻璃制造	304-001-22	使用硫酸铜进行敷金属法镀铜产生的废槽液、槽渣及废水处理污泥	T
	常用有色金属冶炼	321-101-22	铜火法冶炼烟气净化产生的收尘渣、压滤渣	T
		321-102-22	铜火法冶炼电除雾除尘产生的废水处理污泥	T
	电子元件制造	397-004-22	线路板生产过程中产生的废蚀铜液	T
		397-005-22	使用酸进行铜氧化处理产生的废液及废水处理污泥	T
		397-051-22	铜板蚀刻过程中产生的废蚀刻液及废水处理污泥	T

废物类别	行业来源	废物代码	危险废物	危险特性
HW23 含锌废物	金属表面处理及热处理加工	336-103-23	热镀锌过程中产生的废熔剂、助熔剂和集（除）尘装置收集的粉尘	T
	电池制造	384-001-23	碱性锌锰电池、锌氧化银电池、锌空气电池生产过程中产生的废锌浆	T
	非特定行业	900-021-23	使用氢氧化钠、锌粉进行贵金属沉淀过程中产生的废液及废水处理污泥	T
HW24 含砷废物	基础化学原料制造	261-139-24	硫铁矿制酸过程中烟气净化产生的酸泥	T
HW26 含镉废物	电池制造	384-002-26	镍镉电池生产过程中产生的废渣和废水处理污泥	T
HW27 含锑废物	基础化学原料制造	261-046-27	锑金属及粗氧化锑生产过程中产生的熔渣和集（除）尘装置收集的粉尘	T
		261-048-27	氧化锑生产过程中产生的熔渣	T
HW29 含汞废物	天然气开采	072-002-29	天然气除汞净化过程中产生的含汞废物	T
	常用有色金属矿采选	091-003-29	汞矿采选过程中产生的尾砂和集（除）尘装置收集的粉尘	T
	贵金属矿采选	092-002-29	混汞法提金工艺产生的含汞粉尘、残渣	T
	印刷	231-007-29	使用显影剂、汞化合物进行影像加厚（物理沉淀）以及使用显影剂、氨氯化汞进行影像加厚（氧化）产生的废液及残渣	T
	基础化学原料制造	261-051-29	水银电解槽法生产氯气过程中盐水精制产生的盐水提纯污泥	T

废物类别	行业来源	废物代码	危险废物	危险特性
HW29 含汞废物	基础化学原料制造	261-052-29	水银电解槽法生产氯气过程中产生的废水处理污泥	T
		261-053-29	水银电解槽法生产氯气过程中产生的废活性炭	T
		261-054-29	卤素和卤素化学品生产过程中产生的含汞硫酸钡污泥	T
	合成材料制造	265-001-29	氯乙烯生产过程中含汞废水处理产生的废活性炭	T，C
		265-002-29	氯乙烯生产过程中吸附汞产生的废活性炭	T，C
		265-003-29	电石乙炔法聚氯乙烯生产过程中产生的废酸	T，C
		265-004-29	电石乙炔法生产氯乙烯单体过程中产生的废水处理污泥	T
	常用有色金属冶炼	321-103-29	铜、锌、铅冶炼过程中烟气制酸产生的废甘汞，烟气净化产生的废酸及废酸处理污泥	T
	电池制造	384-003-29	含汞电池生产过程中产生的含汞废浆层纸、含汞废锌膏、含汞废活性炭和废水处理污泥	T
	照明器具制造	387-001-29	含汞电光源生产过程中产生的废荧光粉和废活性炭	T
	通用仪器仪表制造	401-001-29	含汞温度计生产过程中产生的废渣	T
	非特定行业	900-022-29	废弃的含汞催化剂	T
	非特定行业	900-023-29	生产、销售及使用过程中产生的废含汞荧光灯管及其他废含汞电光源	T

废物类别	行业来源	废物代码	危险废物	危险特性
HW29 含汞废物	非特定行业	900-024-29	生产、销售及使用过程中产生的废含汞温度计、废含汞血压计、废含汞真空表和废含汞压力计	T
		900-452-29	含汞废水处理过程中产生的废树脂、废活性炭和污泥	T
HW30 含铊废物	基础化学原料制造	261-055-30	铊及其化合物生产过程中产生的熔渣、集（除）尘装置收集的粉尘和废水处理污泥	T
HW31 含铅废物	玻璃制造	304-002-31	使用铅盐和铅氧化物进行显像管玻璃熔炼过程中产生的废渣	T
	电子元件制造	397-052-31	线路板制造过程中电镀铅锡合金产生的废液	T
	炼钢	312-001-31	电炉炼钢过程中集（除）尘装置收集的粉尘和废水处理污泥	T
	电池制造	384-004-31	铅蓄电池生产过程中产生的废渣、集（除）尘装置收集的粉尘和废水处理污泥	T
	工艺美术品制造	243-001-31	使用铅箔进行烤钵试金法工艺产生的废烤钵	T
	废弃资源综合利用	421-001-31	废铅蓄电池拆解过程中产生的废铅板、废铅膏和酸液	T
	非特定行业	900-025-31	使用硬脂酸铅进行抗黏涂层过程中产生的废物	T

注：T 指毒性；C 指腐蚀性。

附录 5 《禁止进口固体废物目录》涉重金属部分摘录

序号	海关商品编号	废物名称	简称	其他要求或注释
二、矿渣、矿灰及残渣				
12	2517200000	矿渣，浮渣及类似的工业残渣（不论是否混有25171000所列的材料）	矿渣，浮渣及类似的工业残渣	—
20	2619000090	冶炼钢铁所产生的其他熔渣、浮渣及其他废料（冶炼钢铁产生的粒状熔渣除外）	冶炼钢铁所产生的其他熔渣、浮渣及其他废料	包括冶炼钢铁产生的除尘灰、除尘泥、污泥等
23	2620210000	含铅汽油淤渣及含铅抗震化合物的淤渣	含铅淤渣	—
24	2620290000	其他主要含铅的矿渣、矿灰及残渣（冶炼钢铁所产生灰、渣的除外）	其他主要含铅的矿渣、矿灰及残渣	—
25	2620300000	主要含铜的矿渣、矿灰及残渣（冶炼钢铁所产生灰、渣的除外）	主要含铜的矿渣、矿灰及残渣	—
27	2620600000	含砷、汞、铊及混合物矿渣、矿灰及残渣（用于提取或生产砷、汞、铊及其化合物）	含砷、汞、铊及混合物矿渣、矿灰及残渣	—
28	2620910000	含锑、铍、镉、铬及混合物的矿渣、矿灰及残渣	含有锑、铍、镉、铬及混合物的矿渣、矿灰及残渣	—
32	2620999020	含铜大于10%的铜冶炼转炉渣、其他铜冶炼渣	含铜大于10%的铜冶炼转炉渣、其他铜冶炼渣	—

序号	海关商品编号	废物名称	简称	其他要求或注释
十一、金属和金属化合物的废物				
90	7802000000	铅废碎料	铅废碎料	—
93	8107300000	镉废碎料	镉废碎料	—
94	8110200000	锑废碎料	锑废碎料	—
97	8112220000	铬废碎料	铬废碎料	—
98	8112520000	铊废碎料	铊废碎料	—
十二、废电池				
100	8548100000	电池废碎料及废电池〔指原电池（组）和蓄电池的废碎料，废原电池（组）及废蓄电池〕	电池废碎料及废电池	—
十三、废弃机电产品和设备及其未经分拣处理的零部件、拆散件、破碎件、砸碎件，国家另有规定的除外（海关通关系统参数库暂不予提示）				
101	8469—8473	废打印机，复印机，传真机，打字机，计算机器，计算机等废自动数据处理设备及其他办公室用电器电子产品	废弃计算机类设备和办公用电器电子产品	不包括已清除电器电子元器件及铅、汞、镉、六价铬、多溴联苯（PBB）、多溴二苯醚（PBDE）等有毒有害物质，经分拣处理且未被污染的，仅由金属或合金组成的可列入限制进口的废五金电器类废物的零部件、拆散件、破碎件、砸碎件（例如冰箱外壳、空调散热片及管、游戏机支架等）
102	8415，8418，8450，8508—8510，8516	废空调，冰箱及其他制冷设备，洗衣机，洗盘机，微波炉，电饭锅，真空吸尘器，电热水器，地毯清扫器，电动刀，理发、吹发、刷牙、剃须、按摩器具和其他身体护理器具等废家用电器电子产品和身体护理器具	废弃家用电器电子产品	

序号	海关商品编号	废物名称	简称	其他要求或注释
103	8517，8518	废电话机，网络通信设备，传声器，扬声器等废通信设备	废弃通信设备	
104	8519—8531	废录音机，录像机、放像机及激光视盘机，摄像机、摄录一体机及数字相机，收音机，电视机，监视器、显示器，信号装置等废视听产品及广播电视设备和信号装置	废弃视听产品及广播电视设备和信号装置	
105	9504	废游戏机	废弃游戏机	
109	第 84、85、90 章	其他废弃机电产品和设备（指海关《商品综合分类表》第 84、85、90 章下完整的废弃机电产品和设备，及以其他商品名义进口本项下废物的）	其他废弃机电产品和设备	不包括已清除电器电子元器件及铅、汞、镉、六价铬、多溴联苯（PBB）、多溴二苯醚（PBDE）等有毒有害物质的，经分拣处理且未被污染的，可列入限制进口的废五金电器类废物的整机及其零部件、拆散件、破碎件、砸碎件

注：海关商品编号栏仅供参考。

附录 6 重金属元素浓度测定方法标准

序号	标准号	标准名称	实施日期
一、水中重金属元素测定			
1	GB/T 7466—1987	水质 总铬的测定	1987-08-01
2	GB/T 7467—1987	水质 六价铬的测定 二苯碳酰二肼分光光度法	1987-08-01
3	GB/T 7469—1987	水质 总汞的测定 高锰酸钾-过硫酸钾消解法 双硫腙分光光度法	1987-08-01
4	GB/T 7470—1987	水质 铅的测定 双硫腙分光光度法	1987-08-01
5	GB/T 13896-1992	水质 铅的测定 示波极谱法	1993-09-01
6	GB/T 7471—1987	水质 镉的测定 双硫腙分光光度法	1987-08-01
7	GB/T 7472—1987	水质 锌的测定 双硫腙分光光度法	1987-08-01
8	GB/T 7475—1987	水质 铜、锌、铅、镉的测定 原子吸收分光光度法	1987-08-01
9	GB/T 7485—1987	水质 总砷的测定 二乙基二硫代氨基甲酸银分光光度法	1987-08-01
10	GB/T 11900—1989	水质 痕量砷的测定 硼氢化钾-硝酸银分光光度法	1990-07-01
11	GB/T 11906—1989	水质 锰的测定 高碘酸钾分光光度法	1990-07-01
12	GB/T 11907—1989	水质 银的测定 火焰原子吸收分光光度法	1990-07-01
13	HJ 489—2009	水质 银的测定 3,5-Br_2-PADAP 分光光度法	2009-11-01
14	HJ 490—2009	水质 银的测定 镉试剂 2B 分光光度法	2009-11-01
15	GB/T 11910—1989	水质 镍的测定 丁二酮肟分光光度法	1990-07-01
16	GB/T 11911—1989	水质 铁、锰的测定 火焰原子吸收分光光度法	1990-07-01
17	GB/T 11912—1989	水质 镍的测定 火焰原子吸收分光光度法	1990-07-01

序号	标准号	标准名称	实施日期
18	SL/T 271—2001	水质　总汞的测定　硼氢化钾还原冷原子吸收分光光度法	2001-12-01
19	HJ 694—2014	水质　汞砷硒铋锑的测定　原子荧光法	2014-07-01
20	SL 327.1—2005	水质　砷的测定　原子荧光光度法	2006-01-01
21	SL 327.2—2005	水质　汞的测定　原子荧光光度法	2006-01-01
22	SL 327.4—2005	水质　铅的测定　原子荧光光度法	2006-01-01
23	HJ 597—2011	水质　总汞的测定　冷原子吸收分光光度法	2011-06-01
24	HJ 700—2014	水质　65 种元素的测定　电感耦合等离子体质谱法	2014-07-01
25	HJ 762—2015	铅水质自动在线监测仪技术要求及检测方法	2015-12-01
26	HJ 763—2015	镉水质自动在线监测仪技术要求及检测方法	2015-12-01
27	HJ 764—2015	砷水质自动在线监测仪技术要求及检测方法	2015-12-01
28	HJ 798—2016	总铬水质自动在线监测仪技术要求及检测方法	2016-08-01
29	HJ 926—2017	汞水质自动在线监测仪技术要求及检测方法	2018-04-01
30	HJ 609—2019	六价铬水质自动在线监测仪技术要求及检测方法	2020-03-24
31	HJ 748—2015	水质　铊的测定　石墨炉原子吸收分光光度法	2015-08-01
32	HJ 757—2015	水质　铬的测定　火焰原子吸收分光光度法	2015-12-01
33	HJ 776—2015	水质　32 种元素的测定　电感耦合等离子体发射光谱法	2016-01-01
34	HJ 908—2017	水质　六价铬的测定　流动注射-二苯碳酰二肼光度法	2018-04-01
二、大气中重金属元素测定			
35	GB/T 15264—1994	环境空气　铅的测定　火焰原子吸收分光光度法	1995-06-01

序号	标准号	标准名称	实施日期
36	HJ/T 63.1—2001	大气固定污染源　镍的测定　火焰原子吸收分光光度法	2001-11-01
37	HJ/T 63.2—2001	大气固定污染源　镍的测定　石墨炉原子吸收分光光度法	2001-11-01
38	HJ/T 63.3—2001	大气固定污染源　镍的测定　丁二酮肟-正丁醇萃取分光光度法	2001-11-01
39	HJ/T 64.1—2001	大气固定污染源　镉的测定　火焰原子吸收分光光度法	2001-11-01
40	HJ/T 64.2—2001	大气固定污染源　镉的测定　石墨炉原子吸收分光光度法	2001-11-01
41	HJ/T 64.3—2001	大气固定污染源　镉的测定　对-偶氮苯重氮氨基偶氮苯磺酸分光光度法	2001-11-01
42	HJ/T 65—2001	大气固定污染源　锡的测定　石墨炉原子吸收分光光度法	2001-11-01
43	HJ 538—2009	固定污染源废气　铅的测定　火焰原子吸收分光光度法（暂行）	2010-04-01
44	HJ 543—2009	固定污染源废气　汞的测定　冷原子吸收分光光度法（暂行）	2010-04-01
45	HJ 539—2015	环境空气　铅的测定　石墨炉原子吸收分光光度法	2015-12-15
46	HJ 540—2016	环境空气和废气　砷的测定　二乙基二硫代氨基甲酸银分光光度法	2016-10-01
47	HJ 657—2013	空气和废气　颗粒物中铅等金属元素的测定　电感耦合等离子体质谱法	2013-09-01
48	HJ 685—2014	固定污染源废气　铅的测定　火焰原子吸收分光光度法	2014-04-01
49	HJ 539—2015	环境空气　铅的测定　石墨炉原子吸收分光光度法	2015-12-15

序号	标准号	标准名称	实施日期
50	HJ 777—2015	空气和废气　颗粒物中金属元素的测定　电感耦合等离子体发射光谱法	2016-01-01
51	HJ 779—2015	环境空气　六价铬的测定　柱后衍生离子色谱法	2016-01-01
三、土壤中重金属污染物测定			
52	GB/T 17134—1997	土壤质量　总砷的测定　二乙基二硫代氨基甲酸银分光光度法	1998-05-01
53	GB/T 17135—1997	土壤质量　总砷的测定　硼氢化钾-硝酸银分光光度法	1998-05-01
54	GB/T 17136—1997	土壤质量　总汞的测定　冷原子吸收分光光度法	1998-05-01
55	GB/T 17138—1997	土壤质量　铜、锌的测定　火焰原子吸收分光光度法	1998-05-01
56	GB/T 17139—1997	土壤质量　镍的测定　火焰原子吸收分光光度法	1998-05-01
57	GB/T 17141—1997	土壤质量　铅、镉的测定　石墨炉原子吸收分光光度法	1998-05-01
58	GB/T 22105.1—2008	土壤质量　总汞、总砷、总铅的测定　原子荧光法　第 1 部分：土壤中总汞的测定	2008-10-01
59	GB/T 22105.2—2008	土壤质量　总汞、总砷、总铅的测定　原子荧光法　第 2 部分：土壤中总砷的测定	2008-10-01
60	GB/T 22105.3—2008	土壤质量　总汞、总砷、总铅的测定　原子荧光法　第 3 部分：土壤中总铅的测定	2008-10-01
61	GB/T 23739—2009	土壤质量　有效态铅和镉的测定　原子吸收法	2009-11-01
62	HJ 491—2009	土壤　总铬的测定　火焰原子吸收分光光度法	2009-11-01
63	HJ 680—2013	土壤和沉积物　汞、砷、硒、铋、锑的测定　微波消解原子荧光法	2014-02-01
64	HJ 803—2016	土壤和沉积物　12 种金属元素的测定　王水提取-电感耦合等离子体质谱法	2016-08-01

序号	标准号	标准名称	实施日期
65	HJ 491—2019	土壤和沉积物　铜、锌、铅、镍、铬的测定　火焰原子吸收分光光度法	2019-09-01
66	HJ 1080—2019	土壤和沉积物　铊的测定　石墨炉原子吸收分光光度法	2020-06-30
67	HJ 1082—2019	土壤和沉积物　六价铬的测定　碱溶液提取-火焰原子吸收分光光度法	2020-06-30
		四、固废中重金属污染物测定	
68	GB/T 15555.1—1995	固体废物　总汞的测定　冷原子吸收分光光度法	1996-01-01
69	GB/T 15555.3—1995	固体废物　砷的测定　二乙基二硫代氨基甲酸银分光光度法	1996-01-01
70	GB/T 15555.4—1995	固体废物　六价铬的测定　二苯碳酰二肼分光光度法	1996-01-01
71	GB/T 15555.5—1995	固体废物　总铬的测定　二苯碳酰二肼分光光度法	1996-01-01
72	GB/T 15555.7—1995	固体废物　六价铬的测定　硫酸亚铁铵滴定法	1996-01-01
73	GB/T 15555.8—1995	固体废物　总铬的测定　硫酸亚铁铵滴定法	1996-01-01
74	GB/T 15555.10—1995	固体废物　镍的测定　丁二酮肟分光光度法	1996-01-01
75	HJ 687—2014	固体废物　六价铬的测定　碱消解火焰原子吸收分光光度法	2014-4-1
76	HJ 702—2014	固体废物　汞、砷、硒、铋、锑的测定　微波消解/原子荧光法	2014-11-01
77	HJ 749—2015	固体废物　总铬的测定　火焰原子吸收分光光度法	2015-10-01
78	HJ 750—2015	固体废物　总铬的测定　石墨炉原子吸收分光光度法	2015-10-01
79	HJ 766—2015	固体废物　金属元素的测定　电感耦合等离子体质谱法	2015-12-15

序号	标准号	标准名称	实施日期
80	HJ 781—2016	固体废物　22 种金属元素的测定　电感耦合等离子体发射光谱法	2016-03-01
81	HJ 786—2016	固体废物　铅、锌和镉的测定　火焰原子吸收分光光度法	2016-05-01
82	HJ 787—2016	固体废物　铅和镉的测定　石墨炉原子吸收分光光度法	2016-05-01

附录 7 废铅蓄电池污染防治行动方案

环办固体〔2019〕3 号

近年来，随着铅蓄电池在汽车、电动自行车和储能等领域的大规模应用，我国铅蓄电池和再生铅行业快速发展。铅蓄电池报废数量大，再生利用具有很高的资源和环境价值，但废铅蓄电池来源广泛且分散，部分非正规企业和个人为牟取非法利益，导致非法收集处理废铅蓄电池污染问题屡禁不绝，严重危害群众身体健康和生态环境安全。按照党中央、国务院关于全面加强生态环境保护打好污染防治攻坚战的决策部署，为了加强废铅蓄电池污染防治，提高资源综合利用水平，促进铅蓄电池生产和再生铅行业规范有序发展，保护生态环境安全和人民群众身体健康，制定本方案。

一、总体要求

（一）指导思想

全面贯彻党的十九大和第十九届二中、三中全会精神，以习近平新时代中国特色社会主义思想为指导，深入落实习近平生态文明思想和全国生态环境保护大会精神，认真落实党中央、国务院决策部署，坚持和贯彻绿色发展理念，将废铅蓄电池污染防治作为打好污染防治攻坚战的重要内容，以有效防控环境风险为目标，以提高废铅蓄电池规范收集处理率为主线，完善源头严防、过程严管、后果严惩的监管体系，严厉打击涉废铅蓄电池违法犯罪行为，建立规范的废铅蓄电池收集处理体系，有效遏制非法收集处理造成的环境污染，维护国家生态环境安全，保护人民群众身体健康。

（二）基本原则

坚持疏堵结合、标本兼治。完善废铅蓄电池收集、贮存、转移、利用处置管理制度，支持铅蓄电池生产企业和再生铅企业建立正规收集处理体系；持续保持高压态势，严厉打击非法收集处理违法犯罪行为。

坚持分类施策、综合治理。根据环境风险、收集处理客观条件等因素，分类合理确定废铅蓄电池收集处理管控要求；综合运用法律、经济、行政手段，开展全生命周期治理，完善联合奖惩机制。

坚持协调配合、狠抓落实。各部门按照职责分工密切配合、齐抓共管，形成工作合力；加强跟踪督查，确保各项任务落地见效；各地切实落实主体责任，做好废铅蓄电池污染整治和收集处理体系建设等工作。

坚持多元参与、全民共治。加强铅蓄电池污染防治宣传教育，引导相关企业、公共机构和公众积极参与废铅蓄电池规范收集处理；强化信息公开，完善公众监督、举报机制。

（三）主要目标

按照国务院《关于印发“十三五”生态环境保护规划的通知》（国发〔2016〕65 号）、国务院办公厅《关于印发生产者责任延伸制度推行方案的通知》（国办发〔2016〕99 号）的相关任务要求，整治废铅蓄电池非法收集处理环境污染，落实生产者责任延伸制度，提高废铅蓄电池规范收集处理率。到 2020 年，铅蓄电池生产企业通过落实生产者责任延伸制度实现废铅蓄电池规范收集率达到 40%；到 2025 年，废铅蓄电池规范收集率达到 70%；规范收集的废铅蓄电池全部安全利用处置。

二、推动铅蓄电池生产行业绿色发展

（四）建立铅蓄电池相关行业企业清单

分别建立铅蓄电池生产、原生铅和再生铅等重点企业清单，向社会公开并动态更新。

（五）严厉打击非法生产销售行为

将铅蓄电池作为重点商品，持续依法打击违法生产、销售假冒伪劣铅蓄电池行为。

（六）大力推行清洁生产

对列入铅蓄电池生产、原生铅和再生铅企业清单的企业，依法实施强制性清洁生产审核，两次清洁生产审核的间隔时间不得超过五年。

（七）推进铅酸蓄电池生产者责任延伸制度

制定发布铅酸蓄电池回收利用管理办法，落实生产者延伸责任。充分发挥铅酸蓄电池生产和再生铅骨干企业的带动作用，鼓励回收企业依托生产商的营销网络建立逆向回收体系，铅酸蓄电池生产企业、进口商通过自建回收体系或与社会回收体系合作等方式，建立规范的回收利用体系。鼓励铅蓄电池生产企业开展生态设计，加大再生原料的使用比例；鼓励铅蓄电池生产企业与铅冶炼企业优势互补，支持利用现有铅矿冶炼技术和装备处理废铅蓄电池。加强对再生铅企业的管理，促进再生铅企业规模化和清洁化发展。

三、完善废铅蓄电池收集体系

（八）完善配套法律制度

修订《中华人民共和国固体废物污染环境防治法》，明确生产者责任延伸制度以及废铅蓄电池收集许可制度；修订《危险废物转移联单管理办法》，完善转移管理要求；修订《国家危险废物名录》，在风险可控前提下针对收集、贮存、转移等环节提出豁免管理要求。

（九）开展废铅蓄电池集中收集和跨区域转运制度试点

为探索完善废铅蓄电池收集、转移管理制度，选择有条件的地区，开展废铅蓄电池集中收集和跨区域转运制度试点，对未破损的密封式免维护废铅蓄电池在收集、贮存、转移等环节有条件豁免或简化管理要求，降低成本，提高效率，推动建立规范有序的收集处理体系。

（十）加强汽车维修行业废铅蓄电池产生源管理

加强对汽车整车维修企业（一类、二类）等废铅蓄电池产生源的培训和指导，督促其依法依规将废铅蓄电池交送正规收集处理渠道，并纳入相关资质管理或考核评级指标体系。

四、强化再生铅行业规范化管理

（十一）严格废铅蓄电池经营许可准入管理

制定并公布废铅蓄电池危险废物经营许可证审查指南，修订《废铅酸蓄电池处理污染控制技术规范》，严格许可条件，禁止无合法再生铅能力的企业拆解废铅蓄电池。

（十二）加强再生铅企业危险废物规范化管理

将再生铅企业作为危险废物规范化管理工作的重点，提升再生铅企业危险废物规范化管理水平。再生铅企业应依法安装自动监测和视频监控设备（即“装”），在厂区门口竖立电子显示屏用于信息公开（即“树”），逐步将实时监控数据与各级生态环境部门联网（即“联”），实现信息化管理。

五、严厉打击涉废铅蓄电池违法犯罪行为

（十三）严厉打击和严肃查处涉废铅蓄电池企业违法犯罪行为

严厉打击非法收集拆解废铅蓄电池、非法冶炼再生铅等环境违法犯罪行为。加强对铅蓄电池生产企业、原生铅企业和再生铅企业的涉废铅蓄电池违法行为检查，对无危险废物经营许可证接收废铅蓄电池，不按规定执行危险废物转移联单制度，非法处置废酸液，以及非法接收“倒酸”电池、再生粗铅、铅膏铅板等行为依法予以查处。

（十四）加强对再生铅企业的税收监管

对再生铅企业税收执行情况进行日常核查和风险评估，对涉嫌偷逃骗税和虚开发票等严重税收违法行为的企业，依法开展税务稽查。

（十五）开展联合惩戒

将涉废铅蓄电池有关违法企业、人员信息纳入生态环境领域违法失信名单，在全国信用信息共享平台、“信用中国”网站和国家企业信用

信息公示系统上公示，实行公开曝光，开展联合惩戒。

六、建立长效保障机制

（十六）实施相关税收优惠政策

贯彻落实好现行资源综合利用增值税优惠政策，对利用废铅蓄电池生产再生铅的企业，可按规定享受税收优惠政策，支持废铅蓄电池处理行业发展。

（十七）提升信息化管理水平

建立铅蓄电池全生命周期追溯系统，推动实行统一的编码规范。建立废铅蓄电池收集处理公共信息服务平台，将废铅蓄电池规范收集处理信息全部接入平台，并与相关主管部门建立的铅蓄电池生产管理信息系统联网，逐步实现铅蓄电池生产、运输、销售、废弃、收集、贮存、转运、利用处置信息全过程可追溯。

（十八）建立健全督察问责长效机制

对废铅蓄电池非法收集、非法冶炼再生铅问题突出、群众反映强烈、造成环境严重污染的地区，视情开展点穴式、机动式专项督察，对查实的失职失责行为实施约谈或移交问责。

（十九）鼓励公众参与

开展废铅蓄电池环境健康危害知识教育和培训，广泛宣传废铅蓄电池收集处理的相关政策，在机动车 4S 店、汽车整车维修企业（一类、二类）、电动自行车销售维修企业、铅蓄电池销售场所设置规范收集处理提示性信息，促进正规渠道废铅蓄电池收集处理率提升。鼓励有奖举报，鼓励公众通过电话、信函、电子邮件、政府网站、微信平台等途径，对非法收集、非法冶炼再生铅、偷税漏税、生产假冒伪劣电池等违法犯罪行为进行监督和举报。

附录 8　2009—2019 年重金属污染防治发布或实施的相关政策

序号	发布时间	文件名称	文号	单位或部门	分类
1	2009 年	关于加强重金属污染防治工作的指导意见	国办发〔2009〕61 号	环境保护部、国家发展改革委、工业和信息化部、财政部、国土资源部、农业部、卫生部	指导意见
2	2009 年	清洁生产标准 废铅酸蓄电池铅回收业	HJ 510—2009	环境保护部	行业政策
3	2009 年	清洁生产标准 粗铅冶炼业	HJ 512—2009	环境保护部	行业政策
4	2009 年	清洁生产标准 铅电解业	HJ 513—2009	环境保护部	行业政策
5	2009 年	电镀行业清洁生产评价指标体系（试行）	公告 2009 年第 3 号	国家发展改革委、工业和信息化部	行业政策
6	2010 年	铅、锌工业污染物排放标准	GB 25466—2010	环境保护部	固定源管理
7	2010 年	重金属污染诊疗指南（试行）	卫办医政发〔2010〕171 号	卫生部	重金属及其化合物管理
8	2010 年	清洁生产标准 铜冶炼业	HJ 558—2010	环境保护部	行业政策
9	2010 年	清洁生产标准 铜电解业	HJ 559—2010	环境保护部	行业政策
10	2010 年	铜、镍、钴工业污染物排放标准	GB 25467—2010	环境保护部	固定源管理

序号	发布时间	文件名称	文号	单位或部门	分类
11	2010 年	聚氯乙烯清洁生产技术推行方案	工信部节〔2010〕104 号	工业和信息化部	行业政策
12	2011 年	关于加强电石法生产聚氯乙烯及相关行业汞污染防治工作的通知	环发〔2011〕4 号	环境保护部	行业政策
13	2011 年	关于加强铅蓄电池及再生铅行业污染防治工作的通知	环发〔2011〕56 号	环境保护部	行业政策
14	2011 年	淘汰落后产能中央财政奖励资金管理办法	财建〔2011〕180 号	财政部、工业和信息化部、能源局	部门规章与规范性文件
15	2011 年	关于调整完善资源综合利用产品及劳务增值税政策的通知	财税〔2011〕115 号	财政部、税务总局	部门规章与规范性文件
16	2011 年	产业结构调整指导目录（2011 年本）	2011 年第 9 号令	国家发展改革委	行业政策
17	2011 年	外商投资产业指导目录（2011 年修订）	2011 年第 12 号令	国家发展改革委、商务部	行业政策
18	2011 年	重金属污染综合防治“十二五”规划	环发〔2011〕17 号	环境保护部	规划计划
19	2011 年	国家环境保护“十二五”规划	国发〔2011〕42 号	国务院	规划计划
20	2011 年	磷肥工业水污染物排放标准	GB 15580—2011	环境保护部	固定源管理
21	2011 年	中央重金属污染防治专项资金管理办法	财建〔2011〕1147 号	财政部、环境保护部	部门规章与规范性文件
22	2011 年	铅冶炼污染防治最佳可行技术指南（试行）	HJ-BAT-7	环境保护部	技术指南

序号	发布时间	文件名称	文号	单位或部门	分类
23	2011年	电池行业清洁生产实施方案	工信部节〔2011〕614号	工业和信息化部	行业政策
24	2011年	铬盐行业清洁生产技术推行方案	工信部节〔2011〕381号	工业和信息化部	行业政策
25	2012年	关于开展铅蓄电池和再生铅企业环保核查工作的通知	环办函〔2012〕325号	环境保护部	部门规章与规范性文件
26	2012年	关于进一步加强尾矿库监督管理工作的指导意见	安监总管一〔2012〕32号	安全监管总局、国家发展改革委、工业和信息化部、国土资源部、环境保护部	部门规章与规范性文件
27	2012年	废弃电器电子产品处理基金征收使用管理办法	财综〔2012〕34号	财政部、环境保护部、国家发展改革委、工业和信息化部、海关总署、税务总局	部门规章与规范性文件
28	2012年	限制用地项目目录	国土资发〔2012〕98号	国土资源部、国家发展改革委	行业政策
29	2012年	禁止用地项目目录	国土资发〔2012〕98号	国土资源部、国家发展改革委	行业政策
30	2012年	“十二五”危险废物污染防治规划	环发〔2012〕123号	环境保护部、国家发展改革委、工业和信息化部、卫生部	规划计划
31	2012年	危险废物经营许可证管理办法	国家安全生产监督管理总局令第55号	国家安全监管总局	部门规章与规范性文件

序号	发布时间	文件名称	文号	单位或部门	分类
32	2012 年	钢铁工业水污染物排放标准	GB 13456—2012	环境保护部	固定源管理
33	2012 年	铅、锌冶炼工业污染防治技术政策	公告 2012 年第 18 号	环境保护部	行业政策
34	2012 年	铬盐行业清洁生产实施计划	工信部联节〔2012〕96 号	工业和信息化部、财政部	行业政策
35	2013 年	深入开展尾矿库综合治理行动方案	安监总管一〔2013〕58 号	安全监管总局、国家发展改革委、工业和信息化部、财政部、国土资源部、环境保护部、国务院南水北调办	行业政策
36	2013 年	关于促进铅酸蓄电池和再生铅产业规范发展的意见	工信部联节〔2013〕92 号	工业和信息化部、环境保护部、商务部、国家发展改革委、财政部	行业政策
37	2013 年	关于加强铬化合物行业管理的指导意见	工信部联原〔2013〕327 号	工业和信息化部、环境保护部	行业政策
38	2013 年	关于开展环境污染强制责任保险试点工作的指导意见	环发〔2013〕10 号	环境保护部、保监会	部门规章与规范性文件
39	2013 年	关于绿色信贷工作的意见	银监办发〔2013〕40 号	中国银监会	部门规章与规范性文件

序号	发布时间	文件名称	文号	单位或部门	分类
40	2013年、2014年、2015年、2017年	环境保护综合名录	环办函〔2013〕1568号、环办函〔2014〕1561号、环办函〔2015〕2139号、环办政法函〔2018〕67号	国家发展改革委、工业和信息化部、财政部、商务部、人民银行、海关总署、税务总局、工商总局、质检总局、安全监管总局、林业局、银监会、证监会、保监会	部门规章与规范性文件
41	2013年	大气污染防治行动计划	国发〔2013〕37号	国务院	规划计划
42	2013年	电池工业污染物排放标准	GB 30484—2013	环境保护部	固定源管理
43	2013年	制革及皮毛加工工业水污染物排放标准	GB 30486—2013	环境保护部	固定源管理
44	2014年	中华人民共和国环境保护法	中华人民共和国主席令第九号	第十二届全国人民代表大会常务委员会	法律法规
45	2014年	环境保护主管部门实施查封、扣押办法	环境保护部令第29号	环境保护部	部门规章与规范性文件
46	2014年	环境保护主管部门实施限制生产、停产整治办法	环境保护部令第30号	环境保护部	部门规章与规范性文件
47	2014年	高风险污染物削减行动计划	工信部联节〔2014〕168号	工业和信息化部、财政部	行业政策

序号	发布时间	文件名称	文号	单位或部门	分类
48	2014年	关于进一步推进排污权有偿使用和交易试点工作的指导意见	国办发〔2014〕38号	国务院	部门规章与规范性文件
49	2014年	锡、锑、汞工业水污染物排放标准	GB 30770—2014	环境保护部	固定源管理
50	2014年	环境保护主管部门实施按日连续处罚办法	环境保护部令第28号	环境保护部	部门规章与规范性文件
51	2014年	企业事业单位环境信息公开办法	环境保护部令第31号	环境保护部	部门规章与规范性文件
52	2014年	铜冶炼行业规范条件（2014年本）	公告2014年第29号	工业和信息化部	行业政策
53	2015年	水污染防治行动计划	国发〔2015〕17号	国务院	规划计划
54	2015年	砷污染防治技术政策	公告2015年第90号	环境保护部	重金属及其化合物管理
55	2015年	汞污染防治技术政策	公告2015年第90号	环境保护部	重金属及其化合物管理
56	2015年	铅、锌行业规范条件（2015）	公告2015年第20号	工业和信息化部	行业政策
57	2015年	再生铅行业清洁生产评价指标体系	公告2015年第36号	国家发展改革委、环境保护部、工业和信息化部	行业政策
58	2015年	再生铜、铝、铅、锌工业污染物排放标准	GB 31574—2015	环境保护部	固定源管理
59	2015年	再生铅冶炼污染防治可行技术指南	公告2015年第11号	环境保护部	技术指南

序号	发布时间	文件名称	文号	单位或部门	分类
60	2015年	铅冶炼废气治理工程技术规范	HJ 2049—2015	环境保护部	固定源管理
61	2015年	镍、钴行业清洁生产评价指标体系	公告2015年第36号	国家发展改革委、环境保护部、工业和信息化部	行业政策
62	2015年	铜冶炼污染防治可行技术指南	公告2015年第24号	环境保护部	技术指南
63	2015年	镍冶炼污染防治可行技术指南	公告2015年第24号	环境保护部	技术指南
64	2015年	钴冶炼污染防治可行技术指南	公告2015年第24号	环境保护部	技术指南
65	2015年	锡行业规范条件	公告2015年第89号	工业和信息化部	行业政策
66	2015年	锑行业清洁生产评价指标体系	公告 2015年第36号	国家发展改革委、环境保护部、工业和信息化部	行业政策
67	2015年	铅蓄电池行业规范条件（2015年本）	公告2015年第85号	工业和信息化部	行业政策
68	2015年	电池行业清洁生产评价指标体系	公告2015年第36号	国家发展改革委、环境保护部、工业和信息化部	行业政策
69	2015年	铬盐工业污染防治技术政策	公告2015年第90号	环境保护部	行业政策
70	2015年	电镀行业清洁生产评价指标体系	公告2015年第25号	国家发展改革委、环境保护部、工业和信息化部	行业政策
71	2016年	中华人民共和国固体废物污染环境防治法	中华人民共和国主席令第五十七号	第十二届全国人大常委会	法律法规

序号	发布时间	文件名称	文号	单位或部门	分类
72	2016 年	污染地块土壤环境管理办法（试行）	环境保护部令第 42 号	环境保护部	部门规章与规范性文件
73	2016 年	控制污染物排放许可制实施方案	国办发〔2016〕81 号	国务院	部门规章与规范性文件
74	2016 年	关于营造良好市场环境促进有色金属工业调结构促转型增效益的指导意见	国办发〔2016〕42 号	国务院	部门规章与规范性文件
75	2016 年	关于健全生态保护补偿机制的意见	国办发〔2016〕31 号	国务院	部门规章与规范性文件
76	2016 年	关于办理环境污染刑事案件适用法律若干问题的解释	法释〔2016〕29 号	最高人民法院、最高人民检察院	法律法规
77	2016 年	“十三五”生态环境保护规划	国发〔2016〕65 号	国务院	规划计划
78	2016 年	土壤污染防治行动计划	国发〔2016〕31 号	国务院	规划计划
79	2016 年、2019 年	土壤污染防治专项资金管理办法	财建〔2016〕601 号 财资环〔2019〕11 号	财政部、环境保护部 财政部	部门规章与规范性文件
80	2016 年	国家危险废物名录	环境保护部令第 39 号	环境保护部	部门规章与规范性文件
81	2016 年	再生铅行业规范条件	公告 2016 年第 60 号	工业和信息化部	行业政策
82	2016 年	锌冶炼业清洁生产评价指标体系	发改办环资〔2016〕2117 号	国家发展改革委	行业政策
83	2016 年	烧碱、聚氯乙烯工业污染物排放标准	GB 15581—2016	环境保护部	固定源管理

序号	发布时间	文件名称	文号	单位或部门	分类
84	2016年	生产者责任延伸制度推行方案	国办发〔2016〕99号	国务院	行业政策
85	2017年	禁止进口固体废物目录	公告2017年第39号	环境保护部、商务部、国家发展改革委、海关总署、质检总局	部门规章与规范性文件
86	2017年	中华人民共和国海洋环境保护法	中华人民共和国主席令第八十一号	第十二届全国人大常委会	法律法规
87	2017年	中华人民共和国水污染防治法	中华人民共和国主席令第八十七号	第十二届全国人大常委会	法律法规
88	2017年	固定污染源排污许可分类管理名录（2017年版）	环境保护部令第45号	环境保护部	部门规章与规范性文件
89	2017年	农用地土壤环境管理办法（试行）	环境保护部令第46号	环境保护部、农业部	部门规章与规范性文件
90	2017年	关于汞的水俣公约	公告2017年第38号	环境保护部、外交部、国家发展改革委、科技部、工业和信息化部、财政部、国土资源部、住房城乡建设部、农业部、商务部、卫生计生委、海关总署、质检总局、安全监管总局、食品药品监管总局、统计局、能源局	重金属及其化合物管理

序号	发布时间	文件名称	文号	单位或部门	分类
91	2017年	外商投资产业指导目录（2017年修订）	国家发展和改革委员会 商务部令第4号	国家发展改革委、商务部	行业政策
92	2017年	重点排污单位名录管理规定（试行）	环办监测〔2017〕86号	环境保护部	部门规章与规范性文件
93	2017年	长江经济带生态环境保护规划	环规财〔2017〕88号	环境保护部、发展和改革委、水利部	规划计划
94	2017年	优先控制化学品名录（第一批）	公告2017年第83号	环境保护部、工业和信息化部、卫生计生委	重金属及其化合物管理
95	2017年	排污许可证申请与核发技术规范 有色金属工业——铜冶炼	HJ 863.3—2017	环境保护部	固定源管理
96	2017年	排污许可证申请与核发技术规范 有色金属工业——镍冶炼	HJ 934—2017	环境保护部	固定源管理
97	2017年	排污许可证申请与核发技术规范 有色金属工业——钴冶炼	HJ 937—2017	环境保护部	固定源管理
98	2017年	排污许可证申请与核发技术规范 有色金属工业——锡冶炼	HJ 936—2017	环境保护部	固定源管理
99	2017年	排污许可证申请与核发技术规范 有色金属工业——锑冶炼	HJ 938—2017	环境保护部	固定源管理
100	2017年	排污许可证申请与核发技术规范 有色金属工业——汞冶炼	HJ 931—2017	环境保护部	固定源管理
101	2017年	重点流域水污染防治规划（2016—2020年）	环水体〔2017〕142号	环境保护部	规划计划
102	2017年	制革行业清洁生产评价指标体系	公告2017年第7号	国家发展改革委、环境保护部、工业和信息化部	行业政策

序号	发布时间	文件名称	文号	单位或部门	分类
103	2017年	排污许可证申请与核发技术规范 制革及皮毛加工工业——制革工业	HJ 859.1—2017	环境保护部	固定源管理
104	2017年	排污许可证申请与核发技术规范 电镀工业	HJ 855—2017	环境保护部	固定源管理
105	2018年	中华人民共和国大气污染防治法	中华人民共和国主席令第三十一号	全国人大常委会	法律法规
106	2018年	排污许可管理办法（试行）	环境保护部令第48号	环境保护部	部门规章与规范性文件
107	2018年	中华人民共和国土壤污染防治法	中华人民共和国主席令第八号	全国人大常委会	法律法规
108	2018年	工矿用地土壤环境管理办法（试行）	生态环境部令第3号	生态环境部	部门规章与规范性文件
109	2018年	长江保护修复攻坚战行动计划	环水体〔2018〕181号	生态环境部、国家发展改革委	规划计划
110	2018年	关于加强涉重金属行业污染防控的意见	环土壤〔2018〕22号	生态环境部	部门规章与规范性文件
111	2018年	打赢蓝天保卫战三年行动计划	国发〔2018〕22号	国务院	规划计划
112	2018年	农用地土壤污染风险管控标准（试行）	GB 15618—2018	生态环境部	土壤环境质量标准
113	2018年	建设用地土壤污染风险管控标准（试行）	GB 36600—2018	生态环境部	土壤环境质量标准
114	2018年	排污许可证申请与核发技术规范 有色金属工业——再生金属	HJ 863.4—2018	生态环境部	固定源管理

序号	发布时间	文件名称	文号	单位或部门	分类
115	2018年	铜镍、钴采选废水治理工程技术规范	HJ 2056—2018	生态环境部	固定源管理
116	2018年	产业发展与转移指导目录（2018年本）	公告2018年第66号	工业和信息化部	行业政策
117	2018年	排污单位自行监测技术指南 制革及皮毛加工	HJ 946—2018	生态环境部	固定源管理
118	2018年	排污单位自行监测技术指南 电镀工业	HJ 985—2018	生态环境部	固定源管理
119	2018年	排污单位自行监测技术指南 有色金属工业	HJ 989—2018	生态环境部	固定源管理
120	2018年	污染源源强核算技术指南 电镀	HJ 984—2018	生态环境部	固定源管理
121	2018年	污染源源强核算技术指南 有色金属冶炼	HJ 983—2018	生态环境部	固定源管理
122	2018年	污染源源强核算技术指南 制革工业	HJ 995—2018	生态环境部	固定源管理
123	2019年	固定污染源排污许可分类管理名录（2019年版）	生态环境部令第11号	生态环境部	部门规章与规范性文件
124	2019年	废铅蓄电池污染防治行动方案	环办固体〔2019〕3号	生态环境部、国家发展改革委、工业和信息化部、公安部、司法部、财政部、交通运输部、税务总局、市场监督管理总局	行业政策

序号	发布时间	文件名称	文号	单位或部门	分类
125	2019年	铅蓄电池生产企业集中收集和跨区域转运制度试点工作方案	环办固体〔2019〕5号	生态环境部、交通运输部	行业政策
126	2019年	工业炉窑大气污染综合治理方案	环大气〔2019〕56号	生态环境部、国家发展改革委、工业和信息化部、财政部	部门规章与规范性文件
127	2019年	产业结构调整指导目录（2019年本）	国家发展改革委令第29号	国家发展改革委	行业政策
128	2019年	鼓励外商投资产业目录（2019年版）	令2019年第27号	国家发展改革委、商务部	行业政策
129	2019年	重点重金属污染物排放量控制目标完成情况评估细则（试行）	环办固体〔2019〕38号	生态环境部	部门规章与规范性文件
130	2019年	有毒有害大气污染物名录（2018）	公告2019年第4号	生态环境部、卫健委	重金属及其化合物管理
131	2019年	有毒有害水污染物名录（第一批）	公告2019年第28号	生态环境部、卫健委	重金属及其化合物管理
132	2019年	铜冶炼行业规范条件（2019年本）	公告2019年第35号	工业和信息化部	行业政策
133	2019年	排污许可证申请与核发技术规范—聚氯乙烯工业	HJ 1036—2019	生态环境部	固定源管理

参考文献

[1] 罗吉. 我国重金属污染防治立法现状及改进对策[J]. 环境保护，2012，40（18）：22-24.

[2] 环境保护部，国土资源部. 全国土壤污染状况调查公报，2014-04-17. http：//www.Mep.Gov.cn/gkmL/hbb/qt/201404/t20140417–270670.htm.

[3] 吴舜泽，孙宁，卢然，等. 重金属污染综合防治实施进展与经验分析[J]. 中国环境管理，2015，7（1）：21-28.

[4] 孙宁，卢然，赵云皓，等. 重金属污染重点防控区综合防控模式与政策分析[J]. 环境与可持续发展，2015，40（2）：33-36.

[5] 孙宁，王兆苏，卢然，等. “十三五”重金属污染综合防治思路和对策研究[J]. 环境保护科学，2016，42（2）：1-7.

[6] 环境保护部. 环境保护部公布《重金属污染综合防治“十二五”规划》实施情况全面考核结果，2016-11-30. http：//www.gov.cn/xinwen/2016-11/30/content_5140517.htm.

[7] 王灿发. 加强排污许可证与环评制度的衔接势在必行[J]. 环境影响评价，2016，38（2）：6-8.

[8] 贾杰林. “十二五”重金属污染防治进展与“十三五”主要思路[J]. 中国金属通报，2016（12）：44-44.

[9] 孙宁，卢然，王兆苏，等. 重金属防控区域整治进展及“十三五”思路研究[J]. 环境保护科学，2016，42（2）：42-45，50.

[10] 阎丽，范翘. 重金属元素物质流分析的研究进展[J]. 湖南有色金属，2016，32（1）：63-67.

[11] 蒋洪强，王飞，张静，等. 基于排污许可证的排污权交易制度改革思路研究[J]. 环境保护，2017，45（18）：41-45.

[12] 黄卓文，张苏华. 我国环境保护税的实施与完善[J]. 纳税，2019，13（9）：4-6.

[13] 李雪，郭春霞，陈耀宏，等. 铅酸蓄电池行业生产者责任延伸制在我国实施的难点和解决方案[J]. 环境工程学报，2020，14（1）：3-8.